中等职业教育规划教材

数控车削
加工技术

陈颂阳 主编

陈崇军 江献华 副主编

段超 王新林 郭嘉伟 杨孚春 黄锐华 李国闯 蒋相富 参编

人民邮电出版社

北京

图书在版编目（CIP）数据

数控车削加工技术 / 陈颂阳主编. -- 北京 ：人民
邮电出版社，2015.9
中等职业教育规划教材
ISBN 978-7-115-36431-9

Ⅰ. ①数… Ⅱ. ①陈… Ⅲ. ①数控机床－车床－车削
－加工工艺－中等专业学校－教材 Ⅳ. ①TG519.1

中国版本图书馆CIP数据核字(2014)第230820号

内 容 提 要

本书是根据数控技术领域职业岗位的需求，以"工学结合"为切入点，以工作过程为导向，打破传统的学科型课程架构，突破定界思维，结合工学的特点确定课程内容的一体化任务驱动式教材，是根据高职高专数控技术专业课程标准，并参考国家职业标准《数控车工》的理论知识要求和技能要求编写的。

全书内容包括：数控车床结构认识，数控车床基本操作与维护保养，数控车削加工工艺基础，数控车削加工仿真，数控车削编程基础，外圆、端面及台阶加工，车削倒角及圆锥，车削圆弧面，车槽与切断，车削螺纹，车削内孔，综合实训。

本书可作为中职、中专、成人高校数控技术、机电一体化等专业的教材，也可作为工厂中主要从事数控车削加工的技术人员和操作人员的培训教材，还可供其他有关技术人员参考。

◆ 主　　编　陈颂阳
　　副 主 编　陈崇军　江献华
　　参　　编　段 超　王新林　郭嘉伟　杨孚春　黄锐华
　　　　　　　李国闯　蒋相富
　　责任编辑　吴宏伟
　　责任印制　张佳莹　焦志炜

◆ 人民邮电出版社出版发行　　北京市丰台区成寿寺路 11 号
　　邮编　100164　　电子邮件　315@ptpress.com.cn
　　网址　http://www.ptpress.com.cn
　　固安县铭成印刷有限公司印刷

◆ 开本：787×1092　1/16
　　印张：15　　　　　　　　　2015 年 9 月第 1 版
　　字数：350 千字　　　　　　2015 年 9 月河北第 1 次印刷

定价：34.00 元

读者服务热线：(010)81055256　印装质量热线：(010)81055316
反盗版热线：(010)81055315

前言

Preface

2012 年 6 月，国家教育部、人力资源和社会保障部、财政部批复广州市番禺区职业技术学校为国家中等职业教育改革发展示范学校建设计划第二批项目学校。立项以来，学校以"促进内涵提升，关注师生发展"作为指导思想，以点带面稳步推进各项建设工作，构建了"分类定制、校企融通"人才培养模式和模块化项目式课程体系，打造了一支结构合理、教艺精湛的高素质师资队伍，建立起"立体多元"的校企合作运行机制。

在教材建设方面，广州市番禺区职业技术学校以培养学生综合职业能力为目标，力求教材编写过程中与行业企业深度合作，将典型工作任务转化为学习任务，实现教材内容与岗位能力、职业技能的对接；力求教材编排以工作任务为主线，以模块+项目+任务（或活动）为主要形式，实现教材的项目化、活动化、情景化；力求教材表现形式尽可能多元化，综合图片、文字、图表等元素，配套动画、音视频、课件、教学设计等资源，增强教材的可读性、趣味性和实用性。

通过努力，近年广州市番禺区职业技术学校教师编写了一大批校本教材。这些教材，体现了老师们对职业教育的热爱和追求，凝结了对专业教学的探索和心得，呈现了一种上进和奉献的风貌。经过学校国家中等职业教育改革发展示范学校建设成果编审委员会的审核，现将其中的一部分教材推荐给出版社公开出版。

本书是根据数控技术领域职业岗位群的需求、国家"数控车工"职业标准和中级技术工人等级考核标准、国家《数控技术应用专业教学指导方案》中有关"数控车工"课程的基本要求，以"工学结合"为切入点，以工作过程为导向，打破了学科型课程架构，按学习与工作逻辑编写的一体化任务驱动式教材。教材内容以零件加工为主线，数控操作系统采用华南地区广泛使用的广州数控 GSK980T 系统，结合一般中等职业学校的基本教学条件，主要内容包括机床的使用与维护，零件的加工工艺分析，编程、模拟仿真加工以及实际操作加工等方面的内容。

本书的主要特点如下：

（1）以学生为主体，根据学生认识事物的特点，书中列举了大量的零件加工实例，并采用较为直观的表达方法，形式活泼，语言精练。

（2）以能力培养为本位，力求提高学生的职业道德、职业能力和综合素质、根据零件加工的需要，从解决加工实际问题的角度，采用项目教学的方法，以任务驱动和问题引导的形式组织教学内容，从易到难，逐步深入。

（3）以就业为导向，突出实用技术与知识。刀具、夹具、量具、工艺分析、编程指令等内容贯穿全书,学生可直接学习实际零件的编程与加工。

本书由广州市番禺区职业技术学校陈颂阳主编并统稿,陈崇军和江献华任副主编,参编人员包括段超、王新林、郭嘉伟、杨孚春、黄锐华、李国闯、蒋相富,并聘请企业技术专家谢政平、曹玉成、王鹏为顾问。本书在编写过程中得到广州市番禺区永昌机械有限公司和广州市康迪克竞和制造有限公司的技术指导,同时还参考关亮与张向京主编的《数控车床操作与编程技能训练》、《GSK980TD 车床数控系统使用手册》、李桂云主编的《宇龙数控仿真软件使用指导》、袁锋主编的《数控车床培训教》、金忠主编的《数控车工实训指导》、翟瑞波主编的《数控车床编程与操作实例》、孙伟伟主编的《数控车工实习与考级》,在此一并致谢。

由于编者水平有限,错误和欠妥之处在所难免,恳请读者批评指正。

编 者

2014 年 5 月

目录

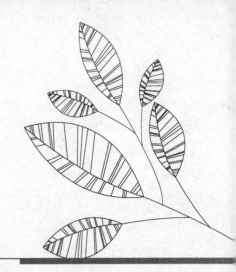

Contents

目录
Contents

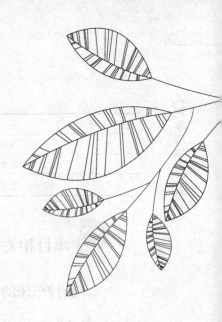

项目一

数控车床结构认识

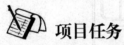 **项目任务**

1. 识别数控车床的结构。
2. 熟知车床各部分的名称及功用。

 教学目标

1. 了解数控车床的加工特点，数控系统的主要功能。
2. 认识数控车床各部分名称及功能。
3. 掌握车床的运动与控制原理。
4. 掌握数控车床的种类和主要技术参数，使初学者对数控车床有一个基本认识。

 项目设备清单

序　号	名　　称	规　　格	数　量	备　注
1	数控车床	360mm×750mm	1	GSK980TD
2	数控车床	400mm×1000mm	8	GSK980TD
3	数控车床	400mm×1000mm	1	FNAUC-0I
4	机床电器控制柜钥匙	与车床配套	10	

续表

序　号	名　　称	规　格	数　量	备　注
5	卡盘扳手	与车床配套	10	
6	刀架扳手	与车床配套	10	
7	油壶、毛刷及清洁棉纱		若干	

 项目相关知识学习

一、数控车床的基本组成

1. 数控车床的基本组成

数控车床由数控装置、床身、主轴箱、刀架进给系统、尾座、液压系统、冷却系统、润滑系统、排屑器等部分组成。其外部结构如图 1-1 所示。

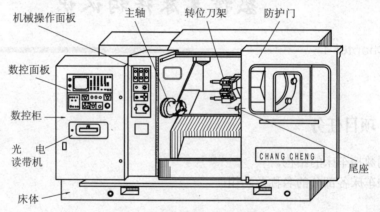

图 1-1　数控车床的外部结构

从基本构造上看，数控车床的整体结构组成与普通车床基本相同，具有床身、主轴、刀架及其拖板和尾座等基本部件，但数控柜、操作面板和显示监控器却是数控机床特有的部件。如图 1-2 所示。

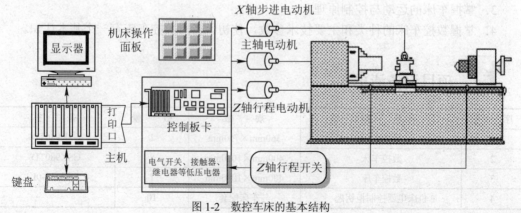

图 1-2　数控车床的基本结构

2．数控车床的布局

数控车床的主轴、尾座等部件相对床身的布局形式与普通车床基本一致，而床身结构和导轨的布局形式则发生了根本变化，这是因为其直接影响数控车床的使用性能及机床的结构和外观所致。数控车床的床身结构和导轨有多种形式，主要有水平床身、倾斜床身、水平床身斜滑板式及立床身等，其布局形式如图 1-3 所示。

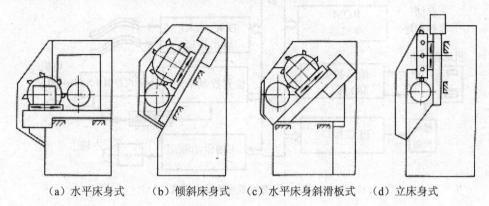

（a）水平床身式　　（b）倾斜床身式　　（c）水平床身斜滑板式　　（d）立床身式

图 1-3　数控车床的布局形式

（1）水平床身式

水平床身的工艺性好，便于导轨面的加工。水平床身配上水平放置的刀架可提高刀架的运动精度，一般可用于大型数控车床或小型精密数控车床的布局。但是水平床身由于下部空间小，故排屑困难。从结构尺寸上看，刀架水平放置使得滑板横向尺寸较长，从而加大了机床宽度方向的结构尺寸。

（2）倾斜床身式

倾斜床身多采用 30°、45°、60°、75°。具有排屑容易、操作方便、机床占地面积小、外形美观等优点。

（3）水平床身斜滑板式

水平床身配上倾斜放置的滑板，并配置倾斜式导轨防护罩，这种布局形式一方面有水平床身工艺性好的特点，另一方面机床宽度方向的尺寸较水平配置滑板的要小，且排屑方便。

（4）立床身式

从排屑的角度来看，立床身布局最好，切屑可以自由落下，不易损坏导轨面，导轨的维护与防护也较简单，但机床的精度不如其他三种布局形式的精度高，故运用较少。

倾斜床身式与水平床身斜滑板式被中、小型数控车床所普遍采用。这是由于此两种布局形式排屑容易，热铁屑不会堆积在导轨上，也便于安装自动排屑器；操作方便，易于安装机械手，以实现单机自动化；机床占地面积小，外形简洁、美观，容易实现封闭式防护。

3．数控系统的基本组成

数控车床数控系统一般由输入/输出设备、CNC 数控装置、主轴单元、进给伺服驱动装置、可编程控制器及电气控制装置、机床本体及位置检测装置（开环机床无）等组成。除机床本体外的部分统称数控系统，其基本组成如图 1-4 所示。

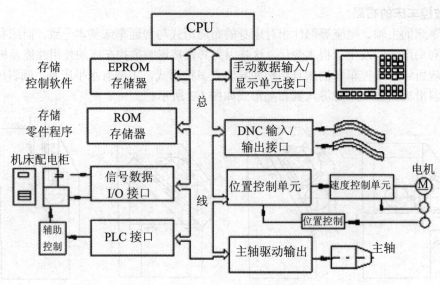

图 1-4　数控系统的基本组成

二、数控车床的特点

与普通车床相比，数控车床具有以下特点。

1．采用全封闭或半封闭防护装置

数控车床采用封闭防护装置可防止切屑或切削液飞出给操作者带来意外伤害。

2．采用自动排屑装置

数控车床大都采用斜床身结构布局，排屑方便，便于采用自动排屑机。

3．主轴转速高，工件装夹安全可靠

数控车床大都采用了液压卡盘，夹紧力调整方便可靠，同时也降低了操作工人的劳动强度。

4．可自动换刀

数控车床都采用了自动回转刀架，在加工过程中可自动换刀，连续完成多道工序的加工。

5．主传动与进给传动分离

数控车床的主传动与进给传动采用了各自独立的伺服电动机，使传动链变得简单、可靠，同时，各电动机既可单独运动，也可实现多轴联动。

三、数控车床分类

数控车床品种、规格繁多，按照不同的分类标准，有不同的分类方法。目前应用较多的是中等规格的两坐标连续控制的数控车床。

1．按主轴布置形式分

（1）卧式数控车床

卧式数控车床最为常用的数控车床，其主轴处于水平位置，如图 1-5 所示。

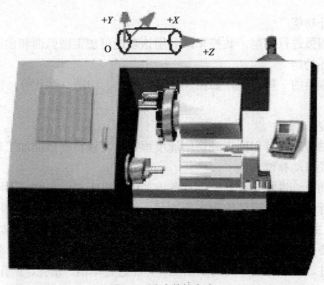

图 1-5　卧式数控车床

（2）立式数控车床

其主轴处于垂直位置。立式数控车床主要用于加工径向尺寸大、轴向尺寸相对较小，且形状较复杂的大型或重型零件，适用于通用机械、冶金、军工、铁路等行业的直径较大的车轮、法兰盘、大型电机座、箱体等回转体的粗、精车削加工。

2．按可控轴数分

（1）两轴控制

当前大多数数控车床采用两轴联动，即 X 轴、Z 轴。

（2）多轴控制

档次较高的数控车削中心都配备了动力铣头，还有些配备了 Y 轴，使机床不但可以进行车削，还可以进行铣削加工。

3．按数控系统的功能分

（1）经济型数控车床

一般采用开环控制，具有 CRT 显示、程序储存、程序编辑等功能，加工精度不高，主要用于精度要求不高、有一定复杂性的零件。

（2）全功能数控车床

这是较高档次的数控车床，具有刀尖圆弧半径自动补偿、恒线速、倒角、固定循环、螺纹切削、图形显示、用户宏程序等功能，加工能力强，适宜加工精度高、形状复杂、工序多、循环周期长、品种多变的单件或中小批量零件的加工。

四、数控车床的主要加工对象

1．数控车床主要功能

不同数控车床其功能也不尽相同，各有特点，但都应具备以下主要功能。

（1）直线插补功能

控制刀具沿直线进行切削，在数控车床中利用该功能可加工圆柱面、圆锥面和倒角。

（2）圆弧插补功能

控制刀具沿圆弧进行切削，数控车床利用该功能可加工圆弧面和曲面。

（3）固定循环功能

固化了机床常用的一些功能，如粗加工、切螺纹、切槽、钻孔等，使用该功能简化了编程。

（4）恒线速度车削

通过控制主轴转速保持切削点处切削速度恒定，可获得一致的加工表面。

（5）刀尖半径自动补偿功能

可对刀具运动轨迹进行半径补偿，具备该功能的机床在编程时可不考虑刀具半径，直接按零件轮廓进行编程，从而使编程变得方便、简单。

2．数控车床主要加工对象

数控车床主要用于轴类或盘类零件的内、外圆柱面、任意角度的内外圆锥面、复杂回转内外曲面和圆柱、圆锥螺纹等的切削加工，并能进行车槽、钻孔、扩孔、铰孔及镗孔等，特别适合加工形状复杂的零件。车床加工的主要内容如图 1-6 所示。

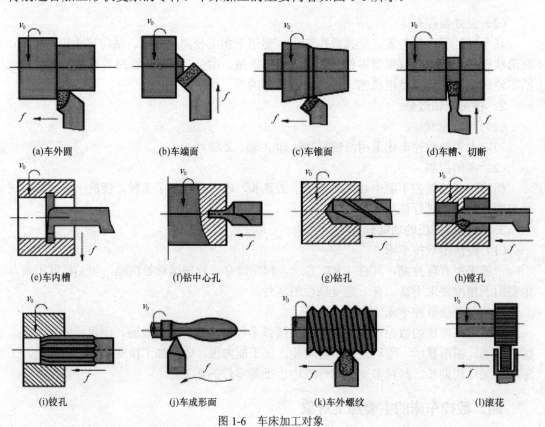

（a）车外圆 （b）车端面 （c）车锥面 （d）车槽、切断

（e）车内槽 （f）钻中心孔 （g）钻孔 （h）镗孔

（i）铰孔 （j）车成形面 （k）车外螺纹 （l）滚花

图 1-6　车床加工对象

3．数控车床的主要技术指标

（1）脉冲当量

脉冲当量是数控机床数控轴的位移量最小单位，即数控装置每发出一个脉冲信号，反映到数控机床移动部件上的位移量。脉冲当量越小，数控机床的精度越高。

（2）定位精度

数控机床移动部件到达指定位置所能保证的精度。

（3）重复定位精度

数控机床移动部件重复移动后实现的定位精度。

（4）可控轴数与联动轴数

数控机床的可控轴数，是指数控装置能够控制的坐标数目。联动轴数是指数控装置控制的坐标轴同时达到空间内某一点的坐标数目。三轴联动的数控机床可以加工复杂曲面，四轴以上联动的数控机床可以加工叶轮、螺旋桨等零件。

五、数控车床的主要技术参数

数控车床的主要技术参数包括最大回转直径、最大车削长度、各坐标轴行程、主轴转速范围、切削进给速度范围、定位精度、刀架定位精度等，其具体内容及作用见表 1-1。

表 1-1　　　　　　　　　　数控车床的主要技术参数

类　别	主要内容	作　用
尺寸参数	X、Z 轴最大行程	影响加工工件的尺寸范围（重量）、编程范围及刀具、工件、机床之间干涉
	卡盘尺寸	
	最大回转直径	
	最大车削直径	
	尾座套筒移动距离	
	最大车削长度	
接口参数	刀位数、刀具装夹尺寸	影响工件及刀具安装
	主轴头型式	
	主轴孔及尾座孔锥度、直径	
运动参数	主轴转速范围	影响加工性能及编程参数
	刀架快进速度、切削进给速度范围	
动力参数	主轴电机功率	影响切削负荷
	伺服电动机额定转矩	
精度参数	定位精度、重复定位精度	影响加工精度及其一致性
	刀架定位精度、重复定位精度	
其他参数	外形尺寸（长×宽×高）、重量	影响使用环境

六、数控车床传动系统

数控车床的传动系统及速度控制如图 1-7 所示。

1. 主传动系统

数控车床的主传动系统一般采用直流或交流无级调速电动机，通过带传动，带动主轴旋转，实现自动无级调速及恒线速度控制，如图 1-8 所示。

数控车削加工技术

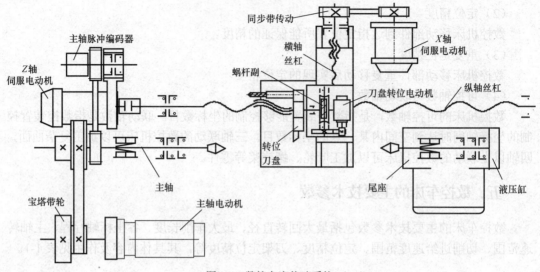

图 1-7 数控车床传动系统

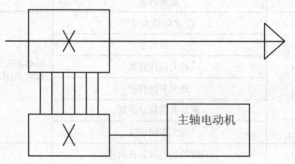

图 1-8 数控车床常用的主传动形式

部分高精密型数控车床采用内装式电动机直接驱动主轴旋转，一般简称为电主轴，基本外形如图 1-9 所示。

图 1-9 电主轴

主轴部件是机床实现旋转运动的执行件，结构如图 1-10 所示，其工作原理如下。

交流主轴电动机通过带轮 15 把运动传给主轴 7。主轴有前后两个支撑。前支撑由一个圆锥孔双列圆柱滚子轴承 11 和一对角接触球轴承 10 组成，轴承 11 用来承受径向载荷，两个角接触球轴承一个大口向外（朝向主轴前端），另一个大口向里（朝向主轴后端），用来承受双向的轴向载荷和径向载荷。前支撑轴的间隙用螺母 8 来支撑。螺钉 12 用来防止螺母 8 回松。主轴的后支撑为圆锥孔双列圆柱滚子轴承 14，轴承间隙由螺母 1 和 6 来调整。螺钉 17 和 13 是防止螺母 1 和 6 回松的。主轴的支撑形式为前端定位，主轴受热膨胀向后伸长。前后支撑所用圆锥孔双列圆柱滚子轴承的支撑刚度高，允许的极限转速高。前支撑中的角接触球轴承能承受较大的轴向载荷，且允许的极限转速高。主轴所采用的支撑结构适宜低速大载荷的需要。主轴的运动经过同步带轮 16 和 3 以及同步带 2 带动脉冲编码器 4，使其与主轴同速运转。脉冲编码器用螺钉 5 固定在主轴箱体 9 上。

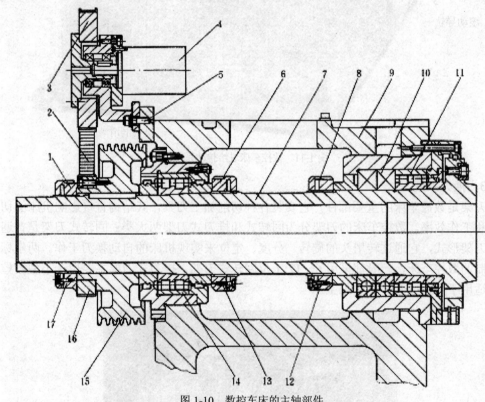

图 1-10　数控车床的主轴部件

1—螺母　2—同步带　3—同步带轮　4—脉冲编码器　5—螺钉　6—螺母　7—主轴　8—螺母　9—主轴箱体
10—角接触球轴承　11—圆锥孔双列圆柱滚子轴承　12—螺钉　13—螺钉　14—圆锥孔双列
圆柱滚子轴承　15—带轮　16—同步带轮　17—螺钉

主轴轴承润滑方式有油脂润滑、油液循环润滑、油雾润滑、油气润滑。

2．进给传动系统

数控车床的进给传动系统种类有：步进电机伺服进给系统；直流电动机伺服进给系统；交流电动机伺服进给系统；直线电动机伺服进给系统。主要包括伺服电动机、导轨和丝杠螺母副等，如图 1-11 所示。

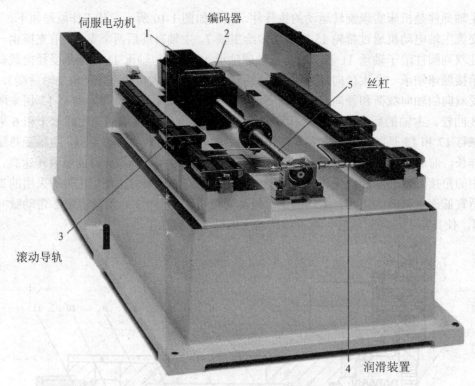

伺服电动机　　　　编码器

1　　　　2

5　丝杠

3

滚动导轨

4　润滑装置

图 1-11　数控车床进给传动系统

3. 换刀系统

　　刀架是数控车床的重要部件，它安装各种切削加工刀具，其结构直接影响机床的切削性能和工作效率。数控车床的刀架分为回转式和排刀式刀架两大类。回转式刀架是普遍采用的刀架形式，它通过转塔头的旋转、分度、定位来实现机床的自动换刀工作。两坐标连续控制的数控车床，一般都采用 6～12 工位回转式刀架。排刀式刀架主要用于小型数控车床，适用于短轴或套类零件加工。

图 1-12　数控车床回转式刀架

4．卡盘

卡盘有手动卡盘与液压卡盘两种。液压力卡盘主要由固定在主轴后端的液压缸和固定在主轴前端的卡盘两部分组成，其夹紧力的大小通过调整液压系统的压力进行控制，具有结构紧凑、动作灵敏、能够实现较大夹紧力的特点。液压卡盘如图 1-13 所示。

5．尾座

加工长轴类零件时需要使用尾座，数控车床尾座如图 1-14 所示。一般有手动尾座和可编程尾座两种。尾座套筒的动作与主轴互锁，即在主轴转动时，按动尾座套筒退出按钮，套筒不动作，只有在主轴停止状态下，尾座套筒才能退出，以保证安全。

图 1-13　液压卡盘

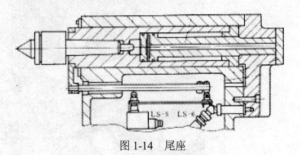

图 1-14　尾座

七、数控车床的选择配置

图 1-15 为典型数控车床的选择配置与机构结构组成，根据加工需要，数控车床上也可以配置如机内对刀仪、自动排屑器、工件接收器等，以增加其功能。

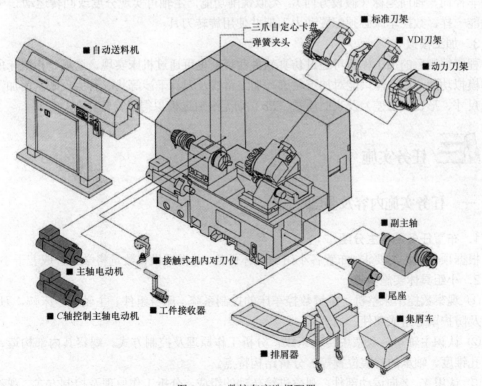

图 1-15　数控车床选择配置

八、数控车床的拓展功能

1. C轴功能

如图 1-16 所示，主轴完成一般机床中旋转工作台的工作，在实现回转、分度运动的同时，与 X、Z 轴联动，可以完成端面螺旋槽等加工。

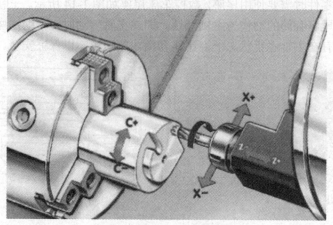

图 1-16　数控车床 C 轴功能

要实现 C 轴功能，数控车床必须配置动力刀架并使用旋转刀具，此时由刀具做主运动。

2. Y轴控制

非径向、轴向坐标（假设方向），类似铣削功能，主轴可实现分度或回转运动。与 C 轴功能一样，数控车床必须配置动力刀架并使用旋转刀具。

3. 加工模拟

程序编制后的加工模拟可通过仿真软件实现，也可通过机床实现，这里是指机床所自带的模拟功能。该功能只能对加工轮廓、加工路线及刀具干涉等状况有所反映，而加工精度（尺寸、形、位公差）及表面质量（Ra）则无法通过模拟得以检验。

📖 任务实施

一、任务实施内容及步骤

1. 布置任务，学生分组

根据项目任务的要求，布置各小组的具体任务，并根据设备数量将学生分成若干小组。

2. 小组具体实施步骤

① 观察数控车床整机。了解数控车床的控制系统、床身组件、主轴箱、床鞍、刀架、尾座及防护罩等组成部件。

② 认识主轴箱，观察主传动组成，分析工作原理及控制方式。观察其内部构造、主轴锥孔锥度、轴承的安装位置等，分析结构特点。

③ 认识 X、Z 向运动部件，观察进给传动的组成，分析工作原理及控制方式。观察进

给机构丝杠丝螺母副的结构和工作特点，判断丝杠丝螺母副的循环方式，观察机床导轨副的结构和工作特点。

④ 认识回转刀架，了解使用方法，分析工作原理。

⑤ 认识尾座，了解使用方法，分析工作原理。

⑥ 观察数控车床中的液压系统，认识它在数控车床中的功能。

3．小组小结任务实施情况

各小组经讨论后，选出一名代表小结任务实施情况。

4．完成工作任务书

组员单独完成，组内交互检查，交教师评阅。

5．评价反馈与考核

教师组织学生进行自评、互评与单独抽查考核，作为学生考核成绩。并对学生存在的普遍问题进行强化。

二、实施注意事项

① 要注意人身及设备的安全。关闭电源后，方可观察机床内部结构。

② 操作应符合基本操作规范。

③ 实训完毕后，要注意清理现场，清洁机床，对机床的主轴、导轨、丝杠螺母副及时润滑。

 考核与评价

项目一：数控车床结构认识——考核评价标准

序号	作业项目	考核内容	配分	评分标准	评分记录	扣分	得分
1	结构认识	能正确认识机构外部各部件名称及了解其功能	40	1．能完整识别数控车床各部件为满分 2．每不能正确识别一个部件，扣5分 3．部件功能不熟悉一个扣3分			
2	参数识别	机床主要技术参数识别	40	1．能清晰识别数控车床各参数的意义为满分 2．每不能正确识别一个参数，扣5分 3．参数含义模糊不清一个扣3分			
3	安全文明生产	遵守安全操作规程，操作现场整洁	20	每项扣5分，扣完为止			
		安全用电，防火，无人身、设备事故		因违规操作发生重大人身和设备事故，此题按0分计			
4	分数合计		100				

学习任务书

项目任务书——数控车床结构认识

编号：XM-01

专　业			班　级			
姓　名		学　号			组　别	
实训时间		指导教师			成　绩	

一、实训记录（1）

记录（1）

	型号	控制轴数	联动轴数	主轴变速	换刀方式	数控系统	插补能力
数车 1	Cak4085nj			200～2400r/min			
数车 2							
数车 3							

记录（2）

数控车床型号：

技术参数项目		技术参数	
床身	最大回转直径	床身上最大回转直径ϕ400	mm
	最大车削直径	床身上最大车削直径ϕ400	mm
滑板	最大回转直径	滑板最大回转(车削)直径ϕ200	mm
	最大车削长度	最大车削长度（最大加工长度）850 最大工件长度（二顶尖间距离）1000	mm
刀架	工位数	四	—
	X向最大行程	220	mm
	Z向最大行程	850	mm
机床重复定位精度	X轴	0.012	mm
	Z轴	0.016	mm
主轴	转速范围	200～2400	r/min
快移速度	X轴	3.8	m/min
	Z轴	7.8	m/min

记录（3）

数控车床型号：

1. 主轴电动机的型号：＿＿＿＿＿＿＿＿＿＿＿＿＿＿＿＿＿＿＿＿＿＿＿＿＿。
2. 进给伺服电机的种类及型号：X轴进给伺服电动机＿＿＿＿＿＿＿＿＿＿＿＿＿＿＿；Z轴进给伺服电动机＿＿＿＿＿＿＿＿。
3. 刀架的型号及换刀方式：＿＿＿＿＿＿＿＿＿＿＿＿＿＿＿。
4. 卡盘类型：＿＿＿＿＿＿＿＿＿＿＿。
5. 尾座的类型：＿＿＿＿＿＿＿＿＿＿＿＿＿＿＿＿＿。
6. 丝杠螺母副的类型：＿＿＿＿＿＿＿＿＿＿＿＿＿＿。
7. 导轨的类型：＿＿＿＿＿水平＿＿＿＿＿＿＿。
8. 机床的润滑方式：＿＿＿＿＿＿＿＿＿。

续表

二、思考题

1．简要说明用数控车床的基本组成。

2．数控机床的传动及工作台拖板的运动控制和普通机床有何区别？

3．数控车床为了保证达到高性能在结构上采取了哪些措施？

三、实训小结

四、教师评定

教师签名：

日期： 年 月 日

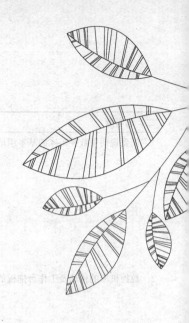

项目二

数控车床基本操作与维护保养

Chapter 2

项目任务

1. 文明生产与安全操作技术教育。
2. 手动操作数控车床进行外圆与端面的切削加工，零件图如图 2-1 所示。
3. 数控车床日常维护。

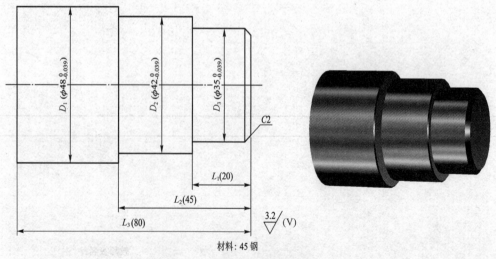

材料: 45 钢

图 2-1 阶梯轴零件图和立体图

教学目标

1. 掌握数控车床面板功能按钮的符号、名称、作用及基本手动操作。
2. 掌握数控车床日常维护与保养的项目及方法。
3. 掌握数控车床文明生产与安全操作规程。

 项目设备清单

序　号	名　　称	规　格	数　量	备　注
1	数控车床	360mm×750mm	8	GSK980TD
2	卡盘扳手	与车床配套	10	
3	刀架扳手	与车床配套	10	
4	油壶、毛刷及清洁棉纱	—	若干	
5	外圆车刀	90°	8	硬质合金
6	外圆车刀	45°	8	硬质合金
7	坯料	ϕ50mm×80mm	35	可用工程塑料代替（初学者）
8	钢直尺	500mm	8	
9	千分尺	25～50mm	8	
10	游标卡尺	0～150mm	8	

 项目相关知识学习

任务一　文明生产与安全操作技术

一、文明生产和安全操作技术

1. 文明生产

文明生产要遵循的原则基本一致，使用方法上也大致相同。数控加工是一种先进的加工方法，它与通用机床加工相比较，提高了生产率。管好、用好、修好数控机床，显得尤为重要，操作者除了掌握数控机床的性能，精心操作以外，还必须养成文明生产的良好工作习惯和严谨工作作风，具有较好的职业素质、责任心和良好的合作精神。

操作时应做到以下几点。

① 严格遵守数控机床的安全操作规程，熟悉数控机床的操作顺序。

② 保持数控机床周围的环境整洁。

③ 操作人员应穿戴好工作服、工作鞋，不得穿、戴有危险性的服饰品。

2．安全操作技术

（1）机床启动前的注意事项

① 数控机床启动前，要熟悉数控机床的性能、结构、传动原理、操作顺序及紧急停车方法。

② 检查润滑油和齿轮箱内的油量情况。

③ 检查紧固螺钉，不得松动。

④ 清扫机床周围环境，机床和控制部分经常保持清洁，不得取下罩盖而开动机床。

⑤ 校正刀具，并达到使用要求。

（2）调整程序时的注意事项

① 使用正确的刀具，严格检查机床原点、刀具参数是否正确。

② 确认运转程序和加工顺序是否一致。

③ 不得承担超出机床加工能力的作业。

④ 在机床停机时进行刀具调整，确认刀具在换刀过程中不要和其他部位发生碰撞。

⑤ 确认工件的夹具是否有足够的强度。

⑥ 程序调整好后，要再次检查，确认无误后，方可开始加工。

（3）机床运转中的注意事项

① 机床启动后，在机床自动连续运转前，必须监视其运转状态。

② 确认切削液输出通畅，流量充足。

③ 机床运转时，应关闭防护罩，不得调整刀具和测量工件尺寸，手不得靠近旋转的刀具和工件。

④ 停机时除去工件或刀具上的切屑。

（4）加工完毕时的注意事项

① 清扫机床。

② 用防锈油润滑机床。

③ 关闭系统，关闭电源。

二、数控车床操作规程

为了正确合理地使用数控车床，保证机床正常运转，必须制定比较完整的数控车床操作规程，通常应做到以下几点。

① 机床通电后，检查各开关、按钮和按键是否正常、灵活，机床有无异常现象。

② 检查电压、气压、油压是否正常，有手动润滑的部位先要进行手动润滑。

③ 各坐标轴手动回零（机床参考点），若某轴在回零前已在零位，必须先将该轴移动到离零点有效距离后，再进行手动回零点。

④ 在进行零件加工时，工作台上不能有工具或任何异物。

⑤ 机床空运转达 15min 以上，使机床达到热平衡状态。

⑥ 程序输入后，应认真核对，保证无误，其中包括对代码、指令、地址、数值、正负号、小数点及语法的核对。

⑦ 按工艺规程安装找正夹具。

⑧ 正确测量和计算工件坐标系，并对所得结果进行验证和验算。

⑨ 将工件坐标系输入到偏置页面，并对坐标、坐标值、正负号、小数点进行认真核对。

⑩ 未装工件以前，空运行一次程序，看程序能否顺利执行、刀具长度选择和夹具安装是否合理、有无超程现象。

⑪ 刀具补偿值（刀长，半径）输入偏置页面后，要对刀补号、补偿值、正负号、小数点进行认真核对。

⑫ 装夹工件，注意卡盘是否妨碍刀具运动，检查零件毛坯和尺寸超常现象。

⑬ 检查各刀头的安装方向是否合乎程序要求。

⑭ 查看各刀杆前后部位的形状和尺寸是否合乎加工工艺要求，能否碰撞工件与夹具。

⑮ 镗刀头尾部露出刀杆直径部分，必须小于刀尖露出刀杆直径部分。

⑯ 检查每把刀柄在主轴孔中是否都能拉紧。

⑰ 无论是首次加工的零件，还是周期性重复加工的零件，首件都必须对照图样工艺、程序和刀具调整卡，进行逐段程序的试切。

⑱ 单段试切时，快速倍率开关必须打到最低挡。

⑲ 每把刀首次使用时，必须先验证它的实际长度与所给刀补值是否相符。

⑳ 在程序运行中，要重点观察数控系统上的几种显示：坐标显示可了解目前刀具运动点在机床坐标及工件坐标系中的位置、程序段落的位移量、还剩余多少位移量等；工作寄存器和缓冲寄存器显示可看出正在执行程序段各状态指令和下一个程序段的内容；主程序和子程序显示可了解正在执行程序段的具体内容。

㉑ 试切进刀时，在刀具运行至工件表面 30～50mm 处，必须在进给保持下，验证 Z 轴剩余坐标值和 X、Y 轴坐标值与图样是否一致。

㉒ 对一些有试刀要求的刀具，采用"渐近"的方法，如镗孔，可先试镗一小段长度，检测合格后，再镗到整个长度。使用刀具半径补偿功能的刀具数据，可由小到大边试切边修改。

㉓ 试切和加工中，刃磨刀具和更换刀具后，一定要重新对刀并修改好刀补值和刀补号。

㉔ 程序检索时应注意光标所指位置是否合理、准确，并观察刀具与机床运动方向坐标是否正确。

㉕ 程序修改后，对修改部分一定要仔细计算和认真核对。

㉖ 手摇进给和手动连续进给操作时，必须检查各种开关所选择的位置是否正确，弄清正负方向，认准按键，然后再进行操作。

㉗ 整批零件加工完成后，应核对刀具号、刀补值，使程序、偏置页面、调整卡及工艺中的刀具号、刀补值完全一致。

㉘ 从刀台上卸下刀具，按调整卡或程序清理编号入库。

㉙ 卸下夹具，某些夹具应记录安装位置及方位，并做记录、存档。

㉚ 清扫机床。

㉛ 将各坐标轴停在参考点位置。

任务二 手动操作数控车床进行外圆与端面的切削加工

图 2-2 所示为 GSK980TD 数控车床的操作面板。

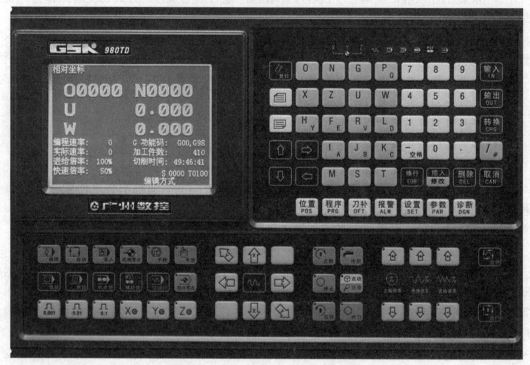

图 2-2 GSK980TD 数控车床的操作面板

GSK980TD 采用集成式操作面板，面板分区如图 2-3 所示。

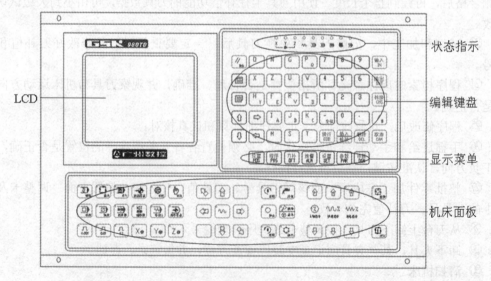

图 2-3 操作面板分区

一、熟悉机床面板

机床面板如图 2-4 所示。

图 2-4　机床面板

1．方式选择

EDIT：用于直接通过操作面板输入数控程序和编辑程序。

AUTO：进入自动加工模式。

MDI：手动数据输入。

REF：回参考点。

HNDL：手摇脉冲方式。

JOG：手动方式，手动连续移动台面或者刀具。

2．数控程序运行控制开关

：单程序段。

：机床锁住。

：辅助功能锁定。

：空运行。

：程序回零。

：手轮 X 轴选择。

：手轮 Z 轴选择。

3．机床主轴手动控制开关

：手动开机床主轴正转。

：手动关机床主轴。

：手动开机床主轴反转。

4．辅助功能按钮

：切削液。

：润滑液。

：换刀具。

5．手轮进给量控制按钮

   ：选择手动台面时每一步的距离，0.001mm、0.01mm、0.1mm、1mm。

6．程序运行控制开关

：循环停止。

：循环启动。

7. 系统控制开关

：NC 启动。

：NC 停止。

8. 手动移动机床台面按钮

：选择移动轴、正方向移动按钮、负方向移动按钮。快速进给。

9. 升降速按钮

：主轴升降速/快速进给升降速/进给升降速。

10. 紧急停止按钮

11. 手轮

二、熟悉 GSK980TD 数控系统的输入面板

图 2-5 GSK980TD 输入面板

1. 按键介绍

（1）数字键

（2）字母键

图 2-6 数字键

图 2-7 字母键

数字/字母键用于输入数据到输入区域，如图 2-8 所示，系统自动判别取字母还是取数字。

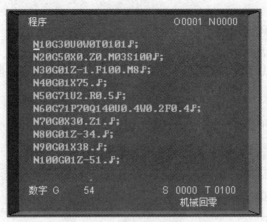

图 2-8　LCD 显示区

（3）编辑键

█：位参数、位诊断含义显示方式的切换。

█：消除输入到键输入缓冲寄存器中的字符或符号。缓冲寄存器的内容由 CRT 显示。如键输入缓冲寄存器的显示为：N001 时，按（CAN）键，则 N001 被取消。

█：用于程序删除的编辑操作。

█：用于程序修改的编辑操作。

█：用于程序插入的编辑操作。

（4）页面切换键

█：按下此键，CRT 显示现在位置，有［相对］、［绝对］、［总和］、［位置／程序］4 页，通过翻页键转换。

█：程序的显示、编辑等，共有 3 页，［MDI/模］、［程序］、［目录／存储量］。

█：显示，设定补偿量和宏变量，共有［偏置］、［宏变量］两项。

█：显示报警信息。

█：显示，设置各种设置参数，参数开关及程序开关。

█：显示，设定参数。

█：显示各种诊断数据。

（5）翻页按钮（PAGE）

█：使 LCD 画面的页逆方向更换。

█：使 LCD 画面的页顺方向更换。

（6）光标移动（CURSOR）

█：使光标向上移动一个区分单位。

█：使光标向下移动一个区分单位。

（7）复位键

█：解除报警，CNC 复位。

（8）输入键

█：输入键。用于输入参数、补偿量等数据。从 RS232 接口输入文件的启动以及 MDI

方式下程序段指令的输入。

（9）输出键

：输出键。从 RS232 接口输出文件启动。

2．手动返回参考点

（1）按参考点方式键，选择回参考点操作方式，这时液晶屏幕右下角显示［机械回零］。

（2）按下手动轴向运动开关 、 ，可回参考点。

（3）返回参考点后，返回参考点指示灯亮 。

- 返回参考点结束时，返回参考点结束指示灯亮。
- 返回参考点结束指示灯亮时，在下列情况下灭灯。

a．从参考点移出时。

b．按下急停开关 。

- 参考点方向，主要参照机床厂家的说明书。

3．手动返回程序起点

（1）按下返回程序起点键 ，选择返回程序起点方式，这时液晶屏幕右下角显示［程序回零］。

（2）选择移动轴 ，机床沿着程序起点方向移动。回到程序起点时，坐标轴停止移动，有位置显示的地址［X］、［Z］、［U］、［W］闪烁。返回程序起点指示灯亮 。程序回零后，自动消除刀偏。

4．手动连续进给

（1）按下手动方式键 ，选择手动操作方式，这时液晶屏幕右下角显示［手动方式］。

（2）选择移动轴 ，机床沿着选择轴方向移动。

注：手动期间只能一个轴运动，如果同时选择两轴的开关，也只能是先选择的那个轴运动。如果选择 2 轴机能，可手动 2 轴开关同时移动。

（3）调节 JOG 进给速度 。

（4）快速进给。按下快速进给键时，同带自锁的按钮，进行"开→关→开…"切换，当为"开"时，位于面板上部的指示灯亮，关时指示灯灭。选择为开时，手动以快速速度进给。此开关为 ON 时，刀具在已选择的轴方向上快速进给。

注 1：快速进给时的速度、时间常数、加减速方式与用程序指令的快速进给（G00 定位）时相同。

注 2：在接通电源或解除急停后，如没有返回参考点，当快速进给开关为 ON（开）时，手动进给速度为 JOG 进给速度或快速进给，由参数（№012 LSO）选择。

注 3：在编辑/手轮方式下，按键无效。指示灯灭。其他方式下可选择快速进给，转换方式时取消快速进给。

5．手轮进给

转动手摇脉冲发生器，可以使机床微量进给。

① 按下手轮方式键 ⊙，选择手轮操作方式，这时液晶屏幕右下角显示[手轮方式]。

② 选择手轮运动轴：在手轮方式下，按下相应的键 ▣、▣。

注：在手轮方式下，按键有效。所选手轮轴的地址[U]或[W]闪烁。

③ 转动手轮 。

④ 选择移动量：按下增量选择移动增量，相应在屏幕左下角显示移动增量。

⑤ 移动量选择开关 ▣、▣、▣，每一刻度的移动量见表 2-1。

表 2-1　　　　　　　　　　　　　每一刻度的移动量

	每一刻度的移动量		
输入单位制	0.001	0.01	0.1
公制输入（毫米）	0.001	0.01	0.1

注 1：表中数值根据机械不同而不同。

注 2：手摇脉冲发生器的速度要低于 5r/s。如果超过此速度，会使手摇脉冲发生器回转结束但不能立即停止，从而出现刻度和移动量不符。

注 3：在手轮方式下，按键有效。

6．手动辅助机能操作

（1）手动换刀

▣：手动/手轮方式下按下此键，刀架旋转换下一把刀（参照机床厂家的说明书）。

（2）切削液开关

▣：手动/手轮方式下，按下此键，同带自锁的按钮，进行"开→关→开…"切换。

（3）润滑开关

▣：手动/手轮方式下，按下此键，同带自锁的按钮，进行"开→关→开…"切换。

（4）主轴正转

▣：手动/手轮方式下，按下此键，主轴正向转动启动。

（5）主轴反转

▣：手动/手轮方式下，按下此键，主轴反向转动启动。

（6）主轴停止

▣：手动/手轮方式下，按下此键，主轴停止转动。

（7）主轴倍率增加，减少（选择主轴模拟机能时）

① 增加。按一次增加键，主轴倍率从当前倍率以下面的顺序增加一挡：50%→60%→70%→80%→90%→100%→110%→120%…

② 减少。按一次减少键，主轴倍率从当前倍率以下面的顺序递减一挡：120%→110%→100%→90%→80%→70%→60%→50%…

注：相应倍率变化在屏幕左下角显示。

（8）面板指示灯

回零完成灯：返回参考点后，已返回参考点轴的指示灯亮，移出零点后灯灭。

：快速灯、单段灯、机床锁、辅助锁、空运行。

当没有冷却或润滑输出时，按下冷却或润滑键，输出相应的点。当有冷却或润滑输出时，按下冷却或润滑键，关闭相应的点。主轴正转/反转时，按下反转/正转键主轴也会停止。但显示会出现报警 06：M03、M04 码指定错。在换刀过程中，换刀键无效，按复位（RESET）或急停可关闭刀架正/反转输出，并停止换刀过程。

在手动方式启动后，改变方式时，输出保持不变。但可通过自动方式执行相应的 M 代码关闭对应的输出。

同样，在自动方式执行相应的 M 代码输出后，也可在手动方式下按相应的键关闭相应的输出。

在主轴正转/反转时，未执行 M05 而直接执行 M04/M03 时，M04/M03 无效，主轴继续正转/反转，但显示会出现报警 06：M03、M04 码指定错。

复位时，对 M08、M32、M03、M04 输出点是否有影响取决于参数（P009 RSJG）。

急停时，关闭主轴，冷却，润滑，换刀输出。

7. 运转方式

（1）存储器运转

① 首先把程序存入存储器中。

② 选择要运行的程序。

③ 把方式选择于自动方式的位置。

④ 按循环启动按钮。为自动循环启动键，为自动循环停止键。

按循环启动按钮后，开始执行程序。

（2）MDI 运转

从 LCD/MDI 面板上输入一个程序段的指令，并可以执行该程序段。

例：X10.5 Z200.5；

① 把方式选择于 MDI 的位置（录入方式）。

② 按［程序］键。

③ 按［翻页］按钮后，选择在左上方显示有'程序段值'的画面，如图 2-9 所示。

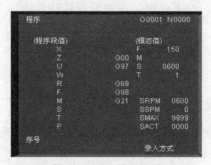

图 2-9　MDI 输入界面

④ 键入 X10.5。

⑤ 按 IN 键。X10.5 输入被显示出来。按 IN 键以前，发现输入错误，可按 CAN 键，

然后再次输入 X 和正确的数值。如果按 IN 键后发现错误，再次输入正确的数值。

⑥ 输入 Z200.5。

⑦ 按 IN，Z200.5 被输入并显示出来。

⑧ 按循环启动键。

按循环启动键前，取消部分操作内容。为了要取消 Z200.5，其方法如下。

① 依次按 Z、CAN 键。

② 按循环启动按钮。

8. 自动运转的启动

存储器运转

① 选择自动方式。

② 选择程序。

③ 按操作面板上的循环启动按钮。

9. 自动运转的停止

使自动运转停止的方法有两种，一是用程序事先在要停止的地方输入停止命令，二是按操作面板上按钮使它停止。

（1）程序停（M00）

含有 M00 的程序段执行后，停止自动运转，与单程序段停止相同，模态信息全部被保存起来。用 CNC 启动，能再次开始自动运转。

（2）程序结束（M30）

① 表示主程序结束。

② 停止自动运转，变成复位状态。

③ 返回到程序的起点。

（3）进给保持

在自动运转中，按操作板上的进给保持键可以使自动运转暂时停止。

▮▮ 为进给保持键，**◙** 为循环停止键。

按进给保持键后，机床呈下列状态。

① 机床在移动时，进给减速停止。

② 在执行暂停中，休止暂停。

③ 执行 M、S、T 的动作后，停止。

按自动循环启动键后，程序继续执行。

（4）复位

用 LCD/MDI 上的复位键 **▮** ，使自动运转结束，变成复位状态。在运动中如果进行复位，则机械减速停止。

10. 试运行

（1）全轴机床锁住

机床锁住开关 **⇥** 为 ON 时，机床不移动，但位置坐标的显示和机床运动时一样，并且 M、S、T 都能执行。此功能用于程序校验。

按一次此键，同带自锁的按钮，进行"开→关→开…"切换。当为"开"时，指示灯亮；当为"关"时，指示灯灭。

机床锁住灯为。

（2）辅助功能锁住

如果机床操作面板上的辅助功能锁住开关置于 ON 位置，M、S、T 代码指令不执行，与机床锁住功能一起用于程序校验。

注：M00、M30、M98、M99 按常规执行。

11．进给速度倍率

用进给速度倍率开关可以对程序指定的进给速度倍率。

进给速度倍率按键为，具有 0～150%的倍率。

注：进给速度倍率开关与手动连续进给速度开关通用。

12．快速进给倍率

快速进给倍率选择键为，快速倍率有 F0、25%、50%、100%四档。可对下面的快速进给速度进行 100%、50%、25%的倍率或者为 F0 的值上。

① G00 快速进给。

② 固定循环中的快速进给。

③ G28 时的快速进给。

④ 手动快速进给。

⑤ 手动返回参考点的快速进给。

当快速进给速度为 6m/min 时，如果倍率为 50%，则速度为 3m/min。

13．空运转

当空运转开关为 ON 时，不管程序中如何指定进给速度，而以表 2-2 中的速度运动。

表 2-2　　　　　　　　　　　　　　　　进给速度

	程 序 指 令	
	快速进给	切削进给
手动快速进给按钮 ON（开）	快速进给	JOG 进给最高速度
手动快速进给按钮 OFF（关）	JOG 进给速度或快速进给	JOG 进给速度

注：用参数设定（RDRN，№004）也可以快速进给。

14．进给保持后或者停止后的再启动

在进给保持开关为 ON 状态时，（自动方式或者录入方式），按循环启动按钮，自动循环开始继续运转。

15．单程序段

当单程序段开关置于 ON 时，单程序段灯亮，执行程序的一个程序段后停止。如果再按循环启动按钮，则执行完下个程序段后停止。

注 1：在 G28 中，即使是中间点，也进行单程序段停止。

注 2：在单程序段为 ON 时，执行固定循环 G90、G92、G94、G70～G75 时，程序执行循环后停止。

注 3：M98 P__；M99；及 G65 的程序段不能单程序段停止。但 M98、M99 程序段中，

除 N，O，P 以外还有其他地址时，能让单程序段停止。

16. 急停（EMERGENCY STOP）

按下急停按钮 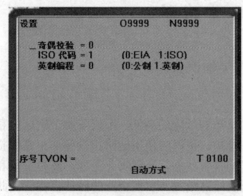，使机床移动立即停止，并且所有的输出如主轴的转动、切削液等也全部关闭。急停按钮解除后，所有的输出都需重新启动。

一按按钮，机床就能锁住，解除的方法是旋转后解除。

注 1：紧急停时，电动机的电源被切断。

注 2：在解除急停以前，要消除机床异常的因素。

17. 超程

如果刀具进入了由参数规定的禁止区域（存储行程极限），则显示超程报警，刀具减速后停止。此时用手动，把刀具向安全方向移动，按复位按钮，解除报警。

18. 设置参数的设定

（1）设置参数设定和显示（[设置] 键）

① 选择录入方式（MDI）。

② 按 [设置] 键，显示设置参数。

③ 按翻页键，显示设置参数设置界面，如图 2-10 所示。

```
设置                  O9999        N9999

_ 奇偶校验 = 0
  ISO 代码 = 1      (0:EIA  1:ISO)
  英制编程 = 0      (0:公制 1:英制)




序号TVON =                          T 0100
              自动方式
```

图 2-10　参数设置界面

④ 按上下光标键，使它移到要变更的项目上。

⑤ 按以下说明，输入 1 或 0。

a. 奇偶校验（TVON）未用。

b. ISO 代码（ISO）。当把存储器中的数据输入、输出时选用的代码。

1：ISO 码

0：EIA 码

注：用 980T 通用编程器时，设定为 ISO 码。

c. 英制编程。设定程序的输入单位是英寸还是毫米。

1：英寸；

0：毫米。

（2）参数开关及程序开关状态设置

① 按 [设置] 键。

② 按翻页键，显示参数开关及程序开关设置界面，如图 2-11 所示。

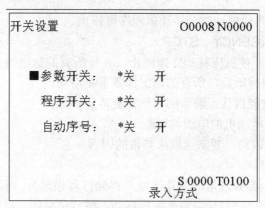

图 2-11 参数开关及程序开关设置界面

按 W、D/L 键可使参数及程序开关处于关、开的状态，参数处于开状态时，CNC 显示 P/S100 号报警，此时方可输入参数。输入完毕后，使参数开关处于关的状态，复位键（RESET）按后可清除 100 号报警。

任务三　机床日常维护

一、维护保养的有关知识

1. 维护保养的意义

数控机床使用寿命的长短和故障的高低，不仅取决于机床的精度和性能，很大程度上也取决于它的正确使用和维护。正确的使用能防止设备非正常磨损，避免突发故障，精心的维护可使设备保持良好的技术状态，延缓劣化进程，及时发现和消除隐患于未然，从而保障安全运行，保证企业的经济效益，实现企业的经营目标。因此，机床的正确使用与精心维护是贯彻设备管理以防为主的重要环节。

2. 维护保养必备的基本知识

数控机床具有机、电、液集于一体，技术密集和知识密集的特点。因此，数控机床的维护人员不仅要有机械加工工艺及液压、气动方面的知识，也要具备电子计算机、自动控制、驱动及测量技术等知识，这样才能全面了解、掌握数控机床以及做好机床的维护保养工作。维护人员在维修前应详细阅读数控机床有关说明书，对数控机床有一个详细的了解，包括机床结构特点、数控的工作原理及框图，以及它们的电缆连接。

二、设备的日常维护

对数控机床进行日常维护、保养的目的是延长元器件的使用寿命：延长机械部件的变换周期，防止发生意外的恶性事故，使机床始终保持良好的状态，并保持长时间的稳定工作。不同型号的数控机床的日常保养内容和要求不完全一样，机床说明书中已有明确的规定，但总的来说主要包括以下几个方面。

① 每天做好各导轨面的清洁润滑，有自动润滑系统的机床要定期检查、清洗自动润

滑系统，检查油量，及时添加润滑油，检查油泵是否定时启动打油及停止。

② 每天检查主轴箱自动润滑系统工作是否正常，定期更换主轴箱润滑油。

③ 注意检查电器柜中冷却风扇是否工作正常，风道过滤网有无堵塞，清洗沾附的尘土。

④ 注意检查冷却系统，检查液面高度，及时添加油或水，油、水脏时要更换清洗。

⑤ 注意检查主轴驱动带，调整松紧程度。

⑥ 注意检查导轨镶条松紧程度，调节间隙。

⑦ 注意检查机床液压系统油箱、油泵有无异常噪声，工作油面高度是否合适，压力表指示是否正常，管路及各接头有无泄漏。

⑧ 注意检查导轨、机床防护罩是否齐全有效。

⑨ 注意检查各运动部件的机械精度，减少形状和位置偏差。

⑩ 每天下班前做好机床清扫卫生，清扫铁屑，擦净导轨部位的切削液，防止导轨生锈。

三、数控系统的日常维护

数控系统使用一定时间之后，某些元器件或机械部件总要损坏。为了延长元器件的寿命和零部件的磨损周期，防止各种故障，特别是恶性事故的发生，延长整台数控系统的使用寿命，是数控系统进行日常维护的目的。具体的日常维护保养的要求，在数控系统的使用、维修说明书中一般都有明确的规定。总的来说，要注意以下几个方面。

1．制订数控系统日常维护的规章制度

根据各种部件的特点，确定各自保养条例。如明文规定哪些地方需要天天清理，哪些部件要定时加油或定期更换等。

2．应尽量少开数控柜和强电柜的门

机加工车间空气中一般都含有油雾、飘浮的灰尘甚至金属粉末。一旦它们落在数控装置内的印制电路板或电子器件上，容易引起元器件间绝缘电阻下降，并导致元器件及印制电路的损坏。因此，除非进行必要的调整和维修，否则不允许随时开启柜门，更不允许加工时敞开柜门。

3．定时清理数控装置的散热通风系统

应每天检查数控装置上各个冷却风扇工作是否正常。视工作环境的状况，每半年或每季度检查一次风道过滤网是否有堵塞现象。如过滤网上灰尘积聚过多，需及时清理，否则将会引起数控装置内温度过高（一般不允许超过 55℃），致使效控系统不能可靠地工作，甚至发生过热报警现象。

4．定期检查和更换直流电动机电刷

虽然在现代数控机床上有用交流伺服电动机和交流主轴电动机取代直流伺服电动机和直流主轴电动机的倾向，但广大用户所用的大多还是直流电动机。而电动机电刷的过度磨损将会影响电动机的性能，甚至造成电动机损坏。为此，应对电动机电刷进行定期检查和更换。检查周期随机床使用频繁度而异，一般为每半年或一年检查一次。

5．经常监视数控装置用的电网电压

数控装置通常允许电网电压在超过额定值 10%～15%的范围内波动。如果超出此范围就会造成系统不能正常工作，甚至会引起数控系统内的电子部件损坏。为此，需要经常监视数控装置用的电网电压。

6．存储器用电池的需要定期更换

存储器如采用 CMOS RAM 器件，为了在数控系统不通电期间能保持存储的内容，设有可充电电池维持电路。在正常电源供电时，由+5V 电源经一个二极管向 CMOS RAM 供电，同时对可充电电池进行充电，当电源停电时，则改由电池供电维持 CMOS RAM 的信息。在一般情况下，即使电池尚未失效，也应每年更换一次，以便确保系统能正常地工作。电池的更换应在 CNC 装置通电状态下进行。

7．数控系统长期不用时的维护

为提高系统的利用率和减少系统的故障率，数控机床长期闲置不用是不可取的。若数控系统处在长期闲置的情况下，需注意以下两点：一是要经常给系统通电，特别是在环境温度较高的多雨季节更是如此。在机床锁住不动的情况下，让系统空运行。利用电器元件本身的发热来驱散数控装置内的潮气，保证电子部件性能的稳定可靠。实践表明，在空气湿度较大的地区，经常通电是降低故障率的一个有效措施。二是如果数控机床的进给轴和主轴采用直流电动机来驱动，应将电刷从直流电动机中取出，以免由于化学腐蚀作用，使换向器表面腐蚀，造成换向性能变坏，使整台电动机损坏。

8．备用印制电路板的维护

印制电路板长期不用是容易出故障的。因此，对于已购置的备用印制电路板应定期装到数控装置上通电，运行一段时间，以防损坏。

数控机床日常保养一览表见表 2-3，数控车床一般操作步骤见表 2-4。

表 2-3 数控机床日常保养一览表

序号	检查周期	检查部位	检查要求
1	每天	导轨润滑油箱	检查油标、油量，及时添加润滑油，润滑泵能定时启动打油及停止
2	每天	X、Z 轴向导轨面	清除切屑及脏物，检查润滑油是否充分，导轨面有无划伤损坏
3	每天	压缩空气气源力	检查气动控制系统压力，应在正常范围
4	每天	气源自动分水滤气器	及时清理分水滤气器中滤出的水分，保证自动工作正常
5	每天	气液转换器和增压器油面	发现油面不够时及时补足油
6	每天	主轴润滑恒温油箱	工作正常，油量充足并调节温度范围
7	每天	机床液压系统	油箱、液压泵无异常噪声，压力指示正常，管路及各接头无泄漏，工作油面高度正常
8	每天	液压平衡系统	平衡压力指示正常，快速移动时平衡阀工作正常
9	每天	CNC 的输入／输出单元	光电阅读机清洁，机械结构润滑良好
10	每天	各种电气柜散热通风装置	各电柜冷却风扇工作正常，风道过滤网无堵塞
11	每天	各种防护装置	导轨、机床防护罩等应无松动，漏水
12	每半年	滚珠丝杠	清洗丝杠上旧的润滑脂，涂上新润滑脂
13	每半年	液压油路	清洗溢流阀、减压阀、过滤器，清洗油箱底部，更换或过滤液压油

续表

序号	检查周期	检查部位	检查要求
14	每半年	主轴润滑恒温油箱	清洗过滤器,更换润滑脂
15	每年	检查并更换直流伺服电动机碳刷	检查换向器表面,吹净碳粉,去除毛刺,更换长度过短的电刷,并应跑合后才能使用
16	每年	润滑液压泵,滤油器清洗	清理润滑油池底部,更换滤油器
17	不定期	检查各轴导轨上镶条、压滚轮松紧状态	按机床说明书调整
18	不定期	冷却水箱	检查液面高度,冷却液太脏时需要更换并清理水箱底部,经常清洗过滤器
19	不定期	排屑器	经常清理切屑,检查有无卡住等
20	不定期	清理废油池	及时清除滤油池中废油,以免外溢
21	不定期	调整主轴驱动带松紧	按机床说明书调整

表 2-4   数控车床一般操作步骤

操作步骤	简要说明
1. 书写或编程	加工前应首先编制工件的加工程序,如果工件的加工程序较长且比较复杂时,最好不在机床上编程,而采用编程机编程或手动编程,这样可以避免占用机时,对于短程序,也应写在程序单上
2. 开机	一般是先开机床,再开系统,有的设计二者是互锁的,机床不通电就不能在 CRT 上显示信息
3. 回参考点	对于增量控制系统(使用增量式位置检测元件)的机床,必须首先执行这一步,以建立机床各坐标的移动基准
4. 调加工程序	根据程序的存储介质(纸带或磁带、磁盘),可以用纸带阅读机或盒式磁带机、编程机输入,若是简单程序,可直接采用键盘在 CNC 装置面板上输入,若程序非常简单,且只加工 1 件,程序没有保存的必要,可采用 MDI 方式,逐段输入,逐段加工。程序中用到的工件原点、刀具参数、偏置量、各种补偿量在加工前也必须输入
5. 程序的编辑	输入的程序若需要修改,则要进行编辑操作。此时,将方式选择开关置于 EDIT 位置(编辑),利用编辑键进行增加、删除、更改。关于编辑方法可参见相应的说明书
6. 机床锁住,运行程序	此步骤是对程序进行检查,若有错误,则需重新进行编辑
7. 上工件、找正、对刀	采用手动增量移动、连续移动或采用手播盘移动机床。将起刀点对到程序的起始处,并对好刀具的基准
8. 启动坐标进给,进行连续加工	一般是采用存储器中的程序加工。这种方式比采用纸带上的程序加工故障率低。加工中的进给速度可采用进给倍率开关调节。加工中可以按进给保持按钮 FEEDHOLD,暂停进给运动,观察加工情况或进行手工测量。再按 CYCLESTART 按钮,即可恢复加工。为确保程序正确无误,加工前应复查一遍。在车削加工时,对于平面曲线工件,可采用铅笔代替刀具在纸上画工件轮廓,这样比较直观。若系统具有刀具轨迹模拟功能则可用其检查程序的正确性
9. 操作显示	利用 CRT 的各个画面显示工作台或刀具的位置、程序和机床的状态,以使操作工人监视加工情况
10. 程序输出	加工结束后,若程序有保存的必要,可以留在 CNC 的内存中,若程序太长,可以把内存中的程序输出给外部设备(例如穿孔机),在穿孔纸带(或磁带、磁盘等)上加以保存。程序输出给外部设备(例如穿孔机),在穿孔纸带(或磁带、磁盘等)上加以保存
11. 关机	一般应先关机床,再关系统

任务实施

一、任务实施内容及步骤

（一）布置任务，学生分组

根据项目任务的要求，布置各小组的具体任务，并根据设备数量将学生分成小组。

（二）小组具体实施步骤

1．工、量具与材料准备

按任务要求的"项目设备清单"准备好工、量具与材料。

2．机床外观检查

按机床文明安全生产的要求例行检查机床外观及电气控制部分有无异常。

3．机床日常润滑

根据机床说明书的要求，对每天必须润滑的项目进行润滑，确保机床工作正常。

4．开机回零与关机操作

（1）开机

GSK980TD 通电开机前，应确认以下内容。

① 机床状态正常。

② 电源电压符合要求。

③ 接线正确、牢固。

开机操作如下。

① 打开机床电器控制开关为"ON"位置，机床照明灯亮。

② 按机床数控系统操作面板中的"ON"键 ⬛。

GSK980TD 上电后显示的开机界面如图 2-12 所示。

图 2-12 开机界面

此时 GSK980TD 自检、初始化。自检、初始化完成后，显示当前位置（相对坐标）页面，如图 2-13 所示。

```
相对坐标

O0008      N0000

U          16.539

W          23.468

编程速率：    500      G 功能码：G01, G98
实际速率：    500      加工件数：        16
进给速率：   100%      切削时间：   12:25:36
快速倍率：   100%          S 0000 T0100
                          录入方式
```

图 2-13 CTR 开机正常后显示页面

（2）回零操作

① 按参考点方式键 ，选择回参考点操作方式，这时液晶屏幕右下角显示［机械回零］。

② 按下手动轴向运动开关 、 ，可回参考点。

③ 返回参考点后，返回参考点指示灯亮 。

注 1：返回参考点结束时，返回参考点结束指示灯亮。

注 2：返回参考点结束指示灯亮时，在下列情况下灭灯。

a. 从参考点移出时。

b. 按下急停开关。

（3）关机操作

关机前，应确认以下内容。

① CNC 的 *X*、*Z* 轴处于停止状态。

② 辅助功能（如主轴、水泵等）关闭。

③ 先切断 CNC 电源，再切断机床电源。

注：关于切断机床电源的操作请见机床制造厂的说明书。

关机操作如下。

① 按按机床数控系统操作面板中的"ON"键  。

② 将机床电器控制开关为"OFF"位置。

5. 手动连续进给

① 按下手动方式键 ，选择手动操作方式，这时液晶屏幕右下角显示［手动方式］。

② 选择移动轴 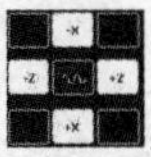 ，机床沿着选择轴方向移动。

注：如果选择 2 轴机能，可手动 2 轴开关同时移动。

③ 调节 JOG 进给速度。

④ 快速进给键为 ⬛ 。按下快速进给键时，同带自锁的按钮，进行"开→关→开…"切换，当为"开"时，位于面板上部的指示灯亮；当为"关"时，指示灯灭。选择为"开"时，手动以快速速度进给。按此开关为 ON 时，刀具在已选择的轴方向上快速进给。

注 1：快速进给时的速度、时间常数、加减速方式与用程序指令的快速进给（GOO 定位）时相同。

注 2：在接通电源或解除急停后，如没有返回参考点，当快速进给开关为 ON（开）时，手动进给速度为 JOG 进给速度或快速进给，由参数（№012 LSO）选择。

注 3：在编辑/手轮方式下，按键无效。指示灯灭。其他方式下可选择快速进给，转换方式时取消快速进给。

6．手轮进给

转动手摇脉冲发生器，可以使机床微量进给。

① 按下手轮方式键 ⬛ ，选择手轮操作方式，这时液晶屏幕右下角显示[手轮方式]。

② 选择手轮运动轴：在手轮方式下，按下相应的键 ⬛ 、⬛ 。

注：在手轮方式下，按键有效。所选手轮轴的地址[U]或[W]闪烁。

③ 转动手轮 ⬛ 。

④ 选择移动量：按下增量选择移动增量，相应在屏幕左下角显示移动增量。

⑤ 移动量选择开关 ⬛ 、⬛ 、⬛ 。

注 1：手摇脉冲发生器的速度要低于 5r/s。如果超过此速度，即使手摇脉冲发生器回转结束了，但不能立即停止，会出现刻度和移动量不符。

注 2：在手轮方式下，按键有效。

7．手轮或手动方式其他操作

① 在手轮方式或手动方式下，移动坐标轴至 X-150.00、Z-150.00，期间注意调节不同的进给速率。

② 将刀架移至安全位置，按下 ⬛ 进行换刀操作。

③ 按下 ⬛ ，让主轴正转，同时调节主轴倍率 ⬛ 以在一定范围内获得不同转速。按下 ⬛ ，让主轴停；按下 ⬛ ，让主轴反转；按下 ⬛ ，打开切削液；再次按下 ⬛ ，关闭切削液。

8．MDI 运行

在图 2-14 所示的程序录入界面录入程序，具体操作如下。

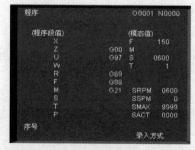

图 2-14　程序录入界面

按 MDI 运行键 ⊡→按程序键 ⊡→按翻页键 ⊡，出现如图 2-11 所示界面。

① M03　输入；S500　输入；循环启动 ▮。

② G00　输入；X200　输入；Z300　输入；循环启动 ▮。

③ T0303　输入；循环启动 ▮。

9. 装夹工件与刀具

（1）工件装夹

工件装夹时必须牢固，工件伸出长度一般不能过长，一般为 150mm 左右。使用完卡盘扳手后必须随手拿走。

（2）安装刀具

安装车刀应注意下列几点。

① 刀头不宜伸出太长，否则切削时容易产生振动，影响工件加工精度和表面粗糙度。一般刀头伸出长度不超过刀杆厚度的两倍，能看见刀尖车削即可。

② 刀尖应与车床主轴中心线等高。车刀装得太高，后角减小，后面与工件加剧摩擦，装得太低，前角减小，切削不顺利，会使刀尖崩碎。刀尖的高低可根据尾座顶尖高度来调整。

③ 车刀底面的垫片要平整，并尽可能用厚垫片，以减少垫片数量。调整好刀尖高度后，至少要用两个螺钉交替将车刀拧紧。

10. 按任务二要求进行阶梯轴加工

① 手动移动 90° 外圆车刀靠近工件（注意移动速率，初学者不能用快速移动方式）。

② 启动主轴正转，转速为 300r/min。（采用 MDI 方式启动）。

③ 试切端面，试切时注意进给速率，过大与过小通过进给速率按钮调整 ▦。

操作时选对刀，然后朝 Z 方向进给 0.5mm，保持 Z 轴不动，移动 X 轴刀尖至工作中心。加工好的端面作为 Z 轴方向的基准。

④ 外圆加工。试切外圆后，测量工件的实际尺寸，然后根据图样要求进行切削加工，要求每次背吃刀量不超过 2mm，进给速度不超过 F100。

外圆加工时分粗加工与精加工，注意合适选用切削用量。

⑤ 切断工件。

11. 并机并保养机床

（1）关机

按机床关机要求正常关机。

（2）保养与维护机床

按机床出厂要求进行维护与保养机床。

（三）小组小结任务实施情况

各小组经讨论后，选出一名代表小结任务实施情况。

（四）完成工作任务书

组员单独完成，组内交互检查，交教师评阅。

（五）评价反馈与考核

教师组织学生进行自评、互评与单独抽查考核，作为学生考核成绩，并对学生存在的普遍问题进行强化。

二、实施注意事项

① 操作数控车床时应确保安全。包括人身和设备的安全。
② 禁止多人同时操作机床。
③ 禁止让机床在同一方向连续"超程"。

 考核与评价

项目二 数控车床基本操作与维护保养——考核评价标准

序号	作业项目	考核内容	配分	评分标准	评分记录	扣分	得分
1	文明生产知识	口述有关文明生产知识	15	1. 能完全正确把握文明安全生产知识为满分 2. 错一项扣4分			
2	机床操作规程	机床安全操作技术	30	1. 严格按安全操作规程要求进行操作为满分 2. 每出现一次不正确的操作方面扣5分 3. 操作机床失误，出现机床或刀具损坏次项为0分			
3	机床维护与保养	正确维护与保养机床，能口述与实操机床的维护与保养	15	1. 能正确维护与保养机床为满分 2. 开机前每漏一个项目扣3分 3. 关机后每漏一个项目扣5分			
4	阶梯轴加工精度	长度尺寸 L_1（20）	35	按国家标准超差不得分			
		长度尺寸 L_2（45）		按国家标准超差不得分			
		长度尺寸 L_3（80）		按国家标准超差不得分			
		直径尺寸 D_1		按公差要求超差不得分			
		直径尺寸 D_2		按公差要求超差不得分			
		直径尺寸 D_3		按公差要求超差不得分			
		表面粗糙度		按表面粗糙度要求超差不得分			
		倒角 C2mm		按要求超差不得分			
5	安全文明生产	遵守安全操作规程，操作现场整洁	5	每项扣5分，扣完为止			
		安全用电，防火，无人身、设备事故		因违规操作发生重大人身和设备事故，此题按0分计			
6	分数合计		100				

学习任务书

项目任务书——数控车床基本操作与维护保养

编号：XM-02

专　业		班　级			
姓　名		学　号		组　别	
实训时间		指导教师		成　绩	

一、机床操作面板认识

1．标注图中各状态灯功能

2．标注图中各键功能

3．指出图示各参数的含义

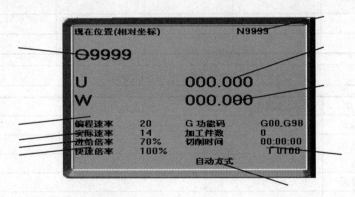

编程速率：程序中由 F 代码指定的速率

注："编程速率"是在自动方式、录入方式下的显示；在机械回零、程序回零、手动方式下示"手动速率"；在手轮方式下显示"手轮增量"；在单步方式下显示"单步增量"。

实际速率：实际加工中，进给倍率运算后的实际加工速率。

进给倍率：由进给倍率开关选择的倍率。

G 功能码：01 组 G 代码和 03 组 G 代码的模态值。

加工件数：当程序执行完 M30（或主程序中的 M99）时，加工件数加 1。

切削时间：当自动运转启动后开始计时，时间单位依次为小时、分、秒。

加工件数和切削时间掉电记忆，清零方法如下。

加工件数清零：先按住 ［清除CAN］ 键，再按 ［N］ 键。

切削时间清零：先按住 ［清除CAN］ 键，再按 ［T］ 键。

S0000：主轴编码器反馈的主轴转速，必须安装主轴编码器才能显出主轴的实际转速。

T0100：当前的刀具号及刀具偏置号。

续表

一、机床操作面板认识

U、W 坐标清零的方法

在相对坐标显示页面下按住 U 键直至页面中 U 闪烁，按 键，U 坐标值清零。

在相对坐标显示页面下按住 W 键直至页面中 W 闪烁，按 键，W 坐标值清零。

二、阶梯轴加工工艺

零件名称	阶梯轴	零件图号			
工序号		夹具		使用设备	
设备号		量具		材料	
工步号	工步内容	刀具号	主轴转速	进给速度	
1					
2					
3					
4					
5					
6					
7					
8					

三、机床保养项目

机床保养		保养项目	保养要求
1	每天		
2	每天		
3	每天		
4	每天		
5	每天		
6	每天		
7	每天		
8	每天		
9	每天		
10	每天		
11	每天		
12	每半年		
13	每半年		
14	每半年		
15	每年		
16	每年		

续表

四、思考题

1. 机床回零的主要作用是什么？

2. 机床的开启、运行、停止有哪些注意事项？

五、实训小结

六、教师评定

教师签名：

日期： 年 月 日

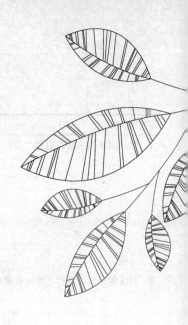

项目三

数控车削加工工艺基础

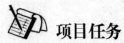 项目任务

1. 分析一个轴类零件的车削加工工艺案例。
2. 制定一个典型轴类零件的加工工艺卡。
3. 根据加工要求选择数控刀具。

轴零件图如图 3-1 所示。

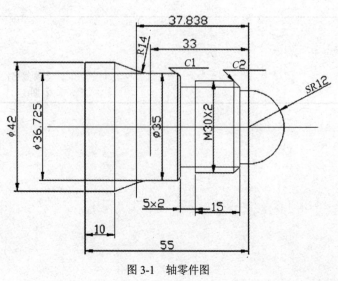

图 3-1　轴零件图

教学目标

1．了解数控车床加工的主要对象。
2．知道数控车削加工工艺的主要内容。
3．掌握切削用量、刀具、夹具的选择。
4．会制定机械零件数控车削加工的工艺卡。

 项目设备清单

序 号	名 称	规 格	数 量	备 注
1	工艺卡片	A4	35	
2	外圆车刀	90°、45°、93°、95°、75°。	各8	数控车床用
3	外圆尖车刀	30°	8	数控车床用
4	外圆仿形车刀	*R*2mm、*R*3mm、*R*5mm	各8	数控车床用
5	外螺纹车刀	60°	8	数控车床用
6	内孔镗刀		8	数控车床用
7	内螺纹车刀	60°	8	数控车床用
8	中心孔钻	ϕ4	8	数控车床用
9	麻花钻	8-20	各8	数控车床用

 项目相关知识学习

一、数控编程的内容与步骤

数控加工是根据被加工零件的图样和工艺要求，编制成以数码表示的程序，输入到机床的数控系统中，以控制刀具与工件的相对运动，从而加工出合格零件的方法。在普通机床上加工零件时，首先应由工艺人员对零件进行工艺分析，制定零件加工的工艺规程，包括机床、刀具、定位夹紧方法及切削用量等工艺参数。同样，在数控机床上加工零件时，也必须对零件进行工艺分析，制定工艺规程，并将工艺参数、几何图形数据等运用到程序中，再将数控程序输入到数控机床的数控装置，由数控装置控制机床完成零件的全部加工。从分析零件图样到程序校核的全部过程称为数控加工的程序编制，简称数控编程。数控编程是数控加工的重要步骤。理想的加工程序不仅应保证加工出符合图样要求的合格零件，同时应能使数控机床的功能得到合理的利用与充分的发挥，以使数控机床能安全可靠及高效地工作。

一般来讲，数控编程过程的主要内容包括分析零件图样、工艺处理、数值计算、编写加工程序单、制作控制介质、程序校验和首件试加工，如图3-2所示。

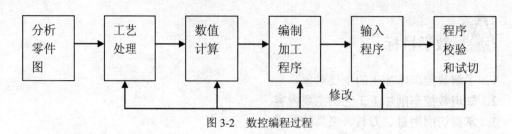

图 3-2　数控编程过程

数控编程的具体步骤与要求如下。

1. 分析零件图

首先要分析零件的材料、形状、尺寸、精度、批量、毛坯形状和热处理要求等，以便确定该零件是否适合在数控机床上加工，或适合在哪种数控机床上加工。同时要明确加工的内容和要求。

2. 工艺处理

在分析零件图的基础上，进行工艺分析，确定零件的加工方法（如采用的工夹具、装夹定位方法等）、加工路线（如对刀点、换刀点、进给路线）及切削用量（如主轴转速、进给速度和背吃刀量等）等工艺参数。数控加工工艺分析与处理是数控编程的前提和依据，而数控编程就是将数控加工工艺内容程序化。制定数控加工工艺时，要合理地选择加工方案，确定加工顺序、加工路线、装夹方式、刀具及切削参数等；同时还要考虑所用数控机床的指令功能，充分发挥机床的效能；尽量缩短加工路线，正确地选择对刀点、换刀点，减少换刀次数，并使数值计算方便；合理选取起刀点、切入点和切入方式，保证切入过程平稳；避免刀具与非加工面的干涉，保证加工过程安全、可靠等。

3. 数值计算

根据零件图的几何尺寸、确定的工艺路线及设定的坐标系，计算零件粗、精加工运动的轨迹，得到刀位数据。对于形状比较简单的零件（如由直线和圆弧组成的零件）的轮廓加工，要计算出基点坐标值（即几何元素的起点、终点、圆弧的圆心、两几何元素的交点或切点的坐标值），如果数控装置无刀具补偿功能，还要计算刀具中心的运动轨迹坐标值。对于形状比较复杂的零件（如由非圆曲线、曲面组成的零件），需要用直线段或圆弧段逼近，根据加工精度的要求计算出节点坐标值，这种数值计算一般要用计算机来完成。

4. 编写加工程序单

根据加工路线、切削用量、刀具号码、刀具补偿量、机床辅助动作及刀具运动轨迹，按照数控系统使用的指令代码和程序段的格式编写零件加工的程序单，并校核上述两个步骤的内容，纠正其中的错误。

5. 输入程序

把编制好的程序通过手工输入或通信传输送入数控系统。

6. 程序校验与首件试切

编写的程序必须经过校验和试切才能正式使用。校验的方法是直接运行数控系统中的程序，让机床空运转，以检查机床的运动轨迹是否正确。在有 CRT 图形显示的数控机床上，用模拟刀具与工件切削过程的方法进行检验更为方便，但这些方法只能检验运动是否正确，不能检验被加工零件的加工精度。因此，要进行零件的首件试切。当发现有加工误差时，分析误差产生的原因，找出问题所在，加以修正，直至达到零件图样的要求。

二、数控加工工艺的基本特点及主要内容

（一）数控加工工艺的基本特点

合理确定数控加工工艺对实现优质、高效和经济的数控加工具有极为重要的作用。数控加工工艺问题的处理与普通加工工艺基本相同，在设计零件的数控加工工艺时，首先要遵循普通加工工艺的基本原则和方法，同时还必须考虑数控加工本身的特点和零件编程要求。

由于数控加工具有加工自动化程度高、精度高、质量稳定、生产效率高、设备使用费用高等特点，使数控加工相应形成了下列特点。

1．数控加工工艺内容要求具体而详细

许多具体的工艺问题，如工艺中各工步的划分与安排、刀具的几何形状及尺寸、进给路线、加工余量、切削用量等，在数控工艺设计时必须认真考虑，而且编程人员必须事先设计和安排好并做出正确的选择编入加工程序中。数控工艺不仅包括详细描述的切削加工步骤，而且还包括工夹具型号、规格、切削用量和其他特殊要求的内容以及标有数控加工坐标位置的工序图等。在自动编程中更需要确定详细的各种工艺参数。

2．数控加工工艺要求更严密而精确

数控机床虽然自动化程度高，但自适应性差，它不能像普通机床加工时可以根据加工过程中出现的问题比较自由地进行人为调整。如在攻螺纹时，数控机床不知道孔中是否已挤满切屑，是否需要退刀清理一下切屑再继续进行，这些情况必须事先由工艺员精心考虑，否则可能会导致严重的后果。在普通机床加工零件时，通常是经过多次"试切"过程来满足零件的精度要求，而数控加工过程是严格按程序规定的尺寸进给的，因此在对图形进行数学处理、计算和编程时一定要准确无误。在实际工作中，由于一个小数点或一个逗号的差错而酿成重大机械事故和质量事故的例子屡见不鲜。

3．制定数控加工工艺要进行零件图形的数学处理和编程尺寸设定值的计算

编程尺寸并不是零件图上设计的基本尺寸的简单再现，在对零件图进行数学处理和计算时，编程尺寸设定值要根据零件尺寸公差要求和零件的形状几何关系重新调整计算，才能确定合理的编程尺寸。

4．制定数控加工工艺选择切削用量时要考虑进给速度对加工零件形状精度的影响

数控加工时，刀具如何从起点沿运动轨迹走向终点是由数控系统的插补装置或插补软件来控制的。根据插补原理分析，在数控系统已定的条件下，进给速度越快，则插补精度越低；插补精度越低，工件的轮廓形状精度越差。因此，制定数控加工工艺选择切削用量时要考虑进给速度对加工零件形状精度的影响，特别是高精度加工时影响非常明显。

5．制定数控加工工艺时要特别强调刀具选择的重要性

复杂型面的加工编程通常要用自动编程软件来实现，由于绝大多数三轴以上联动的数控机床不具有刀具补偿功能，在自动编程时必须先选定刀具再生成刀具中心运动轨迹。若刀具预先选择不当，所编程序将只能推倒重来。

6．数控加工工艺的特殊要求

① 由于数控机床较普通机床的刚度高，所配的刀具也较好，因而在同等情况下，所采用的切削用量通常比普通机床大，加工效率也较高。选择切削用量时要充分考虑这些特点。

② 由于数控机床的功能复合化程度越来越高，因此，工序相对集中是现代数控加工工艺的特点，明显表现为工序数目少、工序内容多，并且由于在数控机床上尽可能安排较复杂的工序。

③ 由于数控机床加工的零件比较复杂，因此在确定装夹方式和夹具设计时，要特别注意刀具与夹具、工件的干涉问题。

7. 数控加工程序的编写、校验与修改是数控加工工艺的一项特殊内容

普通加工工艺中划分工序选择设备等重要内容对数控加工工艺来说属于已基本确定的内容，所以制定数控加工工艺的重点在整个数控加工过程的分析，关键是确定进给路线及生成刀具运动轨迹。复杂表面加工的刀具运动轨迹生成需借助自动编程软件，既是编程问题，也是数控加工工艺问题。这也是数控加工工艺与普通加工工艺最大的不同之处。

（二）数控加工工艺的主要内容

根据实际应用需要，数控加工工艺主要包括以下内容。

① 选择适合在数控机床上加工的零件，确定数控机床加工内容。

② 对零件图样进行数控加工工艺分析，明确加工内容及技术要求。

③ 具体设计数控加工工序，如工步的划分、工件的定位与夹具的选择、刀具的选择、切削用量的确定等。

④ 处理特殊的工艺问题，如对刀点、换刀点的选择，加工路线的确定，刀具补偿等。

⑤ 程编误差及其控制。

⑥ 处理数控机床上的部分工艺指令，编制工艺文件。

（三）数控加工工艺设计

数控加工工艺设计首先需要选择定位基准；再确定所有加工表面的加工方法和加工方案；然后确定所有工步的加工顺序，把相邻工步划为一个工序，即进行工序划分；最后再将需要的其他工序如普通加工工序、辅助工序、热处理工序等插入，并衔接于数控加工工序序列之中，就得到了要求零件的数控加工工艺路线。

1. 定位基准的选择

（1）精基准的选择

精基准的选择应从保证零件的加工精度，特别是加工表面的相互位置精度来考虑，同时也必须尽量使装夹方便，夹具结构简单可靠。精基准的选择应遵循以下原则。

①"基准重合"原则。即应尽可能选用设计基准作为精基准，这样可以避免由于基准不重合而引起的误差。

②"基准统一"原则。即在加工工件的多个表面时，尽可能使用同一组定位基准作为精基准，这样便于保证各加工表面的相互位置精度，避免基准变换所产生的误差，并能简化夹具的设计与制造。

③"互为基准"原则。当两个加工表面的相互位置精度以及它们自身的尺寸与形状精度都要求很高时，可以采用互为基准的原则，反复多次进行加工。

④"自为基准"原则。有些精加工或光整加工工序要求加工余量小而均匀，在加工时就应尽量选择加工表面本身作为精基准，而该表面与其他表面之间的位置精度则由先行工序保证。

（2）粗基准的选择

粗基准的选择主要影响不加工表面与加工表面之间的相互位置精度以及加工表面的余量分配。粗基准的选择应遵循的原则如下。

① 如果必须保证工件上加工表面与不加工表面之间的相互位置精度要求，则应以不加工表面为粗基准。如果工件上有多个不加工表面，则应以其中与加工表面要求较高的表面作为粗基准。

② 若必须首先保证工件上某重要表面加工余量均匀，则应选择该表面作为粗基准。

③ 选作粗基准的表面应尽量平整光洁，不应有飞边、浇冒口等缺陷。

④ 粗基准一般只使用一次。

数控机床加工在选择定位基准时除了遵循以上原则外，还应考虑以下几点。

① 应尽可能在一次装夹中完成所有能加工表面的加工，为此要选择便于各个表面都能加工的定位方式。如对于箱体零件，宜采用一面两销的定位方式，也可采用以某侧面为导向基准，待工件夹紧后将导向元件拆去的定位方式。

② 如果用一次装夹完成工件上各个表面加工，也可直接选用毛面作定位基准，只是这时毛坯的制造精度要求更高一些。

2．加工方法和加工方案的确定

（1）加工方法的选择

加工方法的选择原则是保证加工表面的加工精度和表面粗糙度的要求。由于获得同一精度和表面粗糙度的加工方法有许多，因而在实际选择时，要结合零件的结构形状、尺寸大小和热处理要求等全面考虑。例如，对于IT7级精度的孔采用镗削、铰削、磨削等加工方法均可达到精度要求，但箱体上较大的孔一般采用镗削，较小的孔宜选择铰削，而箱体上的孔不宜采用磨削。此外，还应考虑生产率和经济性的要求，以及现有的实际生产情况等。常用加工方法的经济加工精度和表面粗糙度可查阅有关工艺手册。

（2）加工方案的确定

确定加工方案时，首先应根据表面的加工精度和表面粗糙度要求，初步确定为达到这些要求所需要的最终加工方法，然后再确定其前面一系列的加工方法，即获得该表面的加工方案。例如，对于箱体上孔径不大的IT7级精度的孔，先确定最终加工方法为精铰，而精铰孔前则通常要经过钻孔、扩孔和粗铰等工序的加工。在确定表面的加工方案时，可查阅有关工艺手册。

3．加工顺序的安排

零件的加工工序通常包括切削加工工序、热处理工序和辅助工序（如表面处理、清洗和检验等），这些工序的顺序直接影响到零件的加工质量、生产效率和加工成本。这里重点介绍切削加工工序的顺序安排原则。

（1）基面先行原则

用作精基准的表面应优先加工出来，因为定位基准的表面越精确，装夹误差就越小。如轴类零件加工时，总是先加工中心孔，再以中心孔为精基准加工外圆表面和端面；箱体类零件总是先加工定位用的平面和两个定位孔，再以平面和定位孔为精基准加工孔系和其他平面。

（2）先粗后精原则

各个表面的加工顺序按照"粗加工—半精加工—精加工—光整加工"的顺序依次进行，

逐步提高表面的加工精度和减小表面粗糙度。

（3）先主后次原则

零件的主要工作表面、装配基面应先加工，从而能及早发现毛坯中主要表面可能出现的缺陷。次要表面可穿插进行，放在主要表面加工到一定程度后、最终精加工之前进行。

（4）先面后孔原则

对箱体、支架类零件，平面轮廓尺寸较大，一般先加工平面，再加工孔和其他尺寸，这样安排加工顺序，一方面用加工过的平面定位，稳定可靠；另一方面在加工过的平面上加工孔比较容易，并能提高孔的加工精度，特别是钻孔，孔的轴线不易偏斜。

（5）先近后远原则

一般离对刀点近的部位先加工，离对刀点远的部位后加工，以便缩短刀具移动距离，减少空行程时间。对于车削而言，先近后远的加工方式还有利于保持坯件或半成品的刚度，改善其切削条件。

4. 对刀点与换刀点的确定

所谓对刀就是确定工件在机床的位置，即确定工件坐标系与机床坐标系的相互位置关系。对刀过程一般是从各坐标方向分别进行，可理解为通过找正刀具与一个在工件坐标系中有确定位置的点（即对刀点）来实现。选择对刀点的原则是：便于确定工件坐标系与机床坐标系的相互位置；在机床上容易找正，加工过程中便于检查；引起的加工误差小。

对刀点可选在工件上，也可选在夹具上或机床上，但必须与工件的定位基准（相当于与工件坐标系）有已知的准确尺寸关系，这样才能确定工件坐标系与机床坐标系的关系。当对刀精度要求较高时，对刀点应尽量选择在零件的设计基准或工艺基准上，如以孔定位的工件，可选孔的中心作为对刀点。刀具的位置则以此孔来找正，使刀位点与对刀点重合。工厂常用的找正方法是将千分表装在机床主轴上，然后转动机床主轴，以使刀位点与对刀点一致。一致性越好，对刀精度越高。

对刀时要直接或间接地使对刀点与刀位点重合。刀位点是指编制数控加工程序时用以确定刀具位置的基准点，对于平头立铣刀、面铣刀类刀具，刀位点一般取为刀具轴线与刀具底端面的交点；对球头铣刀，刀位点为球心；对于车刀、镗刀类刀具，刀位点为刀尖；钻头则取为钻尖等。

对数控车床、加工中心等数控机床，加工过程中需要换刀时，在编程时应考虑选择合适的换刀点。换刀点是指刀架转位换刀时的位置。该点可以是某一固定点（如加工中心上换刀机械手的位置是固定的），也可以是任意的一点（如数控车床）。换刀点应设在工件或夹具的外部，以刀架转位时不碰工件及其他部位为准。

5. 刀具进给路线的确定

进给路线是指数控加工过程中刀具（刀位点）相对于被加工工件的运动轨迹。设计好进给路线是编制合理加工程序的条件之一。确定进给路线的原则如下。

① 应能保证零件的加工精度和表面质量要求。当铣削平面零件外轮廓时，一般采用立铣刀侧刃切削。刀具切入工件时，应避免沿零件外廓的法向切入，而应沿外廓曲线延长线的切向切入，以避免在切入处产生刀具的刻痕而影响表面质量，保证零件外廓曲线平滑过渡。同理，在切离工件时，也应避免在工件的轮廓处直接退刀，而应该

沿零件轮廓延长线的切线逐渐切离工件。铣削封闭的内轮廓表面时，若内轮廓曲线允许外延，则应沿切线方向切入、切出。若内轮廓曲线不允许外延，刀具只能沿内轮廓曲线的法向切入、切出，此时刀具的切入、切出点应尽量选在内轮廓曲线两几何元素的交点处。

② 应尽量缩短进给路线，减少刀具空行程时间或切削进给时间，提高生产率。

③ 应使数值计算简单，程序段数量少，以减少编程工作量。

6. 切削用量的确定

切削用量是表示机床主体的主运动和进给运动速度大小的重要参数，包括背吃刀量、主轴转速和进给速度。它们的确定方法如下。

（1）背吃刀量（a_p）的确定

在车床主体—夹具—刀具—零件这一系统刚度允许的条件下，尽可能选取较大的背吃刀量，以减少进给次数。

（2）主轴转速的确定

主轴转速的确定根据零件上被加工部位的直径、零件和刀具的材料及加工条件等来确定，主轴转速可按下式计算：

$$n=1000v/(\pi d)$$

式中　　n——主轴转速（r/min）；

　　　　v——切削速度（m/min）；

　　　　d——零件待加工表面的直径（mm）。

确定主轴转速时，需先确定切削速度，而切削速度与背吃刀量和进给量有关。

① 进给量（f）。指工件每转一周，车刀沿进给方向移动的距离。粗车一般取 0.3～0.8 mm/r，精车时常取 0.1～0.3mm/r，切断时取 0.05～0.2mm/r。

② 切削速度（v）。切削时，车刀切削刃上某一点相对于待加工表面在主运动方向上的瞬时速度，又称为线速度。

③ 车螺纹时的主轴转速

车削螺纹时，车床的主轴转速将受到螺纹的螺距（或导程）大小、驱动电动机的升降频率特性及螺纹插补运算速度等多种因素影响，故对于不同的数控系统，推荐有不同的主轴转速选择范围。大多数经济型数控系统推荐车螺纹时主轴转速计算如下。

$$n\leqslant\frac{1200}{P}-K$$

式中　　P——工件螺纹的螺距或导程（mm）；

　　　　K——保险系数，一般取 80。

（3）进给速度的确定

进给速度指在单位时间里，刀具沿进给方向移动的距离（mm/min 或 mm/r）。进给速度的确定原则如下。

① 当工件质量要求能够保证时，选择较高的进给速度（2000mm/min 以下）。

② 切断、车削深孔或用高速钢刀具车削时，适宜选用较低的进给速度。

③ 刀具空行程应可以设定尽量高的进给速度。

④ 进给速度应与主轴转速和背吃刀量相适宜。

切削用量的大小对切削力、切削功率、刀具磨损、加工质量和加工成本均有显著影响。数控加工中选择切削用量时，就是在保证加工质量和刀具耐用度的前提下，充分发挥机床性能和刀具切削性能，使切削效率最高，加工成本最低。

合理选择切削用量的原则是：粗加工时，一般以提高生产率为主，但也应考虑经济性和生产成本。因此，在工艺系统刚度允许的情况下，选取较大的背吃刀量 a_p 和进给量 f，但不宜选取较高的切削速度 v_c。半精加工和精加工时，应在保证加工质量的前提下，兼顾切削效率、经济性和生产成本，一般应选取较小的背吃刀量 a_p 和进给量 f，以及尽可能高的切削速度 v_c。具体数值应根据机床使用说明书、切削用量手册，并结合实际经验加以修正确定（见表 3-1）。

表 3-1　　　　　　　　常用切削用量参考表

工件材料	加工内容	背吃刀量 a_p/mm	主轴转速 v/(m/min)	进给量 f/(mm/r)	刀具材料
碳素钢 $R_m>600MPa$	粗加工	5～7	60～80	0.2～0.4	YT 类
	粗加工	2～3	80～120	0.2～0.4	
	精加工	0.2～0.6	120～150	0.1～0.2	
	钻中心孔		500～800r/mm		W18Cr4V
	钻孔		0～30	0.1～0.2	
	切断（宽度<5mm）		70～110	0.1～0.2	YT 类
铸铁 200HBW 以下	粗加工		50～70	0.2～0.4	YG 类
	精加工		70～100	0.1～0.2	
	切断（宽度<5mm）		50～70	0.1～0.2	

三、数控车刀类型与装夹

1. 常用车刀类型

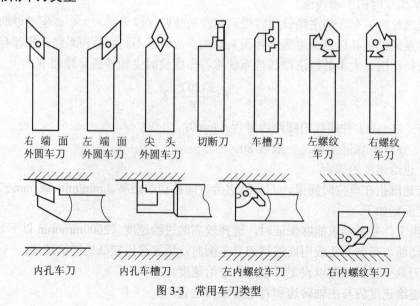

右端面外圆车刀　左端面外圆车刀　尖头外圆车刀　切断刀　车槽刀　左螺纹车刀　右螺纹车刀

内孔车刀　　内孔车槽刀　　左内螺纹车刀　　右内螺纹车刀

图 3-3　常用车刀类型

2．车刀的类型及选用

车刀的类型有以下几种。

① 尖形车刀。以直线形切削刃为特征的车刀称为尖形车刀。它由直线形的主、副切削刃构成。其加工零件轮廓主要由一个独立的刀尖或一条直线形主切削刃位移后得到。

② 圆弧形车刀（见图 3-4）。圆弧形车刀的特征是主切削刃的形状为一圆度误差或线轮廓度很小的圆弧，圆弧切削刃上每一点都是车刀刀尖，因此对刀点在该圆弧的圆心上。

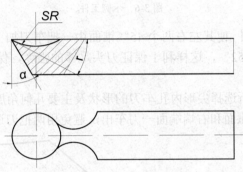

图 3-4　圆弧形车刀

圆弧形车刀应用于车削内、外表面，适于车削各种光滑连接（凹形）的成形面。

③ 成形车刀。成形车刀俗称样板车刀，其加工零件轮廓完全由车刀切削刃的形状和尺寸决定。数控加工中应尽量少用。

④ 车刀类型的确认。图 3-5 所示为成形孔工件切削时所用的特殊内孔车刀。

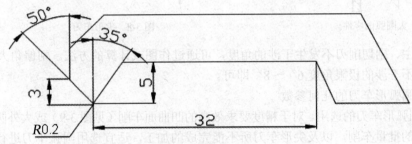

图 3-5　特殊内孔车刀

a．当车刀刀尖的圆弧半径与零件上最小凹形圆弧半径相同，且加工程序中无此圆弧程序段时，对加工 *R*0.2mm 圆弧轮廓，可属成形车刀性质。

b．如果车刀刀尖的圆弧为一圆弧，编程时考虑到刀具圆弧半径进行半径补偿，则车刀属圆弧形车刀性质。

c．当车刀刀尖上标注的圆弧尺寸为倒棱性质时，则车刀属于尖形车刀。

确定车削用车刀的类型必须考虑车刀车削部分的形状及零件轮廓的形成原理（包括编程因素）两个方面。

3．常用车刀的几何参数

（1）尖形车刀的几何参数

尖形车刀的几何参数主要指车刀的几何角度。

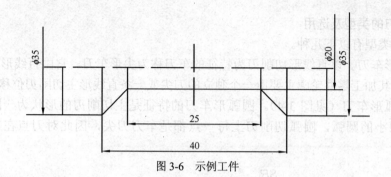

图 3-6 示例工件

如图 3-6 所示的零件,使其左右两个 45°锥面由一把车刀加工,车刀主偏角取 50°～55°,副偏角取 50°～52°,这样利于保证刀头足够的强度,保证主、副切削刃不发生干涉。

图 3-7 所示的零件所选择尖形内孔车刀的形状及主要几何角度如图 3-8 所示(前角为 0°),这样刀具将内圆弧面和右端端面一刀车出,避免用两把刀进行加工。

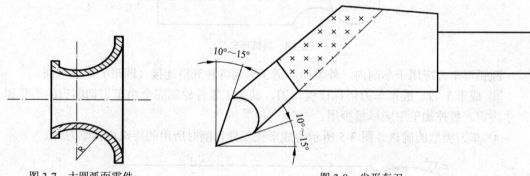

图 3-7 大圆弧面零件　　　　　　　　　　　图 3-8 尖形车刀

选择主、副切削刃不发生干涉的角度,可通过作图或计算的方法。副偏角大于作图或计算所得不干涉的极限角度 6°～8°即可。

(2) 圆弧形车刀的几何参数

① 圆弧形车刀的选用。对于精度要求效高的凹曲面车削(见图 3-9)或大外圆弧面(见图 3-10)的批量车削,以及尖形车刀所不能完成的加工,适宜选用圆弧车刀进行。

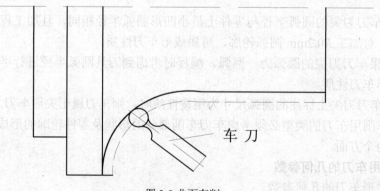

车刀

图 3-9 曲面车削

例如零件曲面形状精度和表面精度均有所要求时，尖形车刀不适合加工。如尖形车刀加工靠近圆弧终点时，背吃刀量（a_{p1}）大大超过圆弧起点位置上的背吃刀量，产生较大的误差及表面粗糙度，因此选用圆弧形车刀。

如图 3-10 所示的零件同时跨四个象限的外圆弧轮廓，采用圆弧形车刀可简单完成。

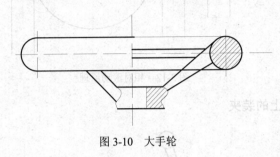

图 3-10　大手轮

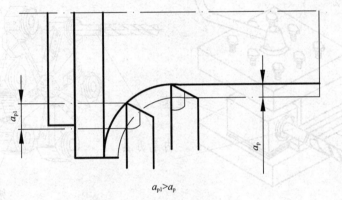

$a_{p1} > a_p$

图 3-11　切削深度不均匀性示例

② 圆弧形车刀的几何参数。圆弧形车刀的几何参数为前角、后角、车刀圆弧切削刃的形状及半径。

选择圆弧形车刀半径大小时，要考虑以下两点。

a. 车刀切削刃的圆弧半径小于或等于零件凹形轮廓上的最小曲率半径，以免发生干涉。

b. 车刀半径不宜选择太小，否则难于制造，易于损坏。

圆弧形车刀半径大小确定后，还应特别注意圆弧切削刃的形状误差对加工精度的影响。如零件车削加工时，车刀的圆弧切削刃与被加工轮廓曲线作相对滚动，故编程时规定圆弧形车刀的刀位点必须在车刀圆弧切削刃的圆心位置上。至于圆弧形车刀的前、后角的选择，原则上与普通车刀相同，但其前面一般为凹球面，后面一般为圆锥面，这样能满足切削刃上每一个切削点上都具有恒定的前角和后角，可以保证加工过程的稳定性及加工精度。

注 1：粗车时，要选强度高、耐用度好的刀具，以便满足粗车时大背吃刀量、大进给量的要求。

注 2：精车时，要选精度高、耐用度好的刀具，以保证加工精度的要求。

注 3：为减少换刀时间和方便对刀，应尽量采用机夹刀和机夹刀片。

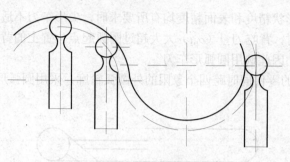

图 3-12　相对滚动原理

4．车刀在机床上的装夹

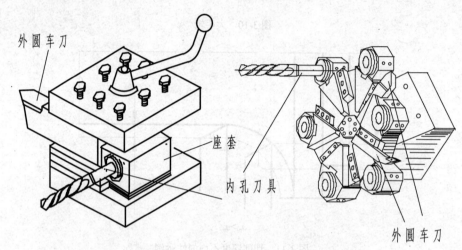

外圆车刀

座套

内孔刀具

外圆车刀

（a）普通转塔刀架　　　　　（b）12 位自动回转刀架

图 3-13　刀具在刀架上的安装

任务实施

一、任务实施内容及步骤

（一）布置任务，学生分组

根据项目任务的要求，布置各小组的具体任务，并根据设备数量将学生分成若干小组。

（二）小组具体实施步骤

1．确定加工路线

按先主后次、先精后粗的加工原则确定加工路线，采用固定循环指令对外轮廓进行粗加工，再精加工，然后车退刀槽，最后加工螺纹。

2．装夹方法和对刀点的选择

采用三爪自定心卡盘自定心夹紧，对刀点选在工件的右端面与回转轴线的交点。

3．选择刀具

根据加工要求，选用四把刀，1号为粗加工外圆车刀，2号为精加工外圆车刀，3号为车槽刀，4号为车螺纹刀。采用试切法对刀，对刀的同时把端面加工出来。

4．确定切削用量

车外圆，粗车主轴转速为500r/min，进给速度为0.3mm/r，精车主轴转速为800r/min，进给速度为0.08mm/r，车槽和车螺纹时，主轴转速为300r/min，进给速度为0.1mm/r。

（三）小组小结任务实施情况

各小组经讨论后，选出一名代表小结任务实施情况并展示本组制定的工艺卡。

（四）完成工作任务书

组员单独完成，组内交互检查，交教师评阅。

（五）评价反馈与考核

教师组织学生进行自评、互评与单独抽查考核，作为学生考核成绩。并对学生存在的普遍问题进行强化。

二、注意事项

① 工艺分析必须综合考虑，兼顾加工的经济性与高精度的要求。

② 选择刀具必须考虑刀具所产生的干涉。

③ 工艺卡片必须规范，符合工艺生产要求。

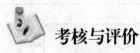 **考核与评价**

项目三　数控车削加工工艺基础——考核评价标准

序号	作业项目	考核内容	配分	评分标准	评分记录	扣分	得分
1	工艺分析	工艺路线分析	30	1．工艺分析正确，拟定的工艺路线正确、合理为满分 2．工艺分析有创造性、先进性每项加5分 3.工艺路线拟定不合理一项扣5分			
2	工艺卡片	工艺卡片制定	30	1．工艺卡片填写规范合理，制定的工步正确合量为满分 2.错一个工步扣5分，一个工步不合格扣3分 3．工步完全错误本项为零分 4.切削用量出现明显不合理一次扣3分			

续表

序号	作业项目	考核内容	配分	评分标准	评分记录	扣分	得分
3	刀具选择	刀具的合理选择	20	1. 所选刀具合理，能完全顺利加工出零件为满分 2. 用错一把刀具扣5分			
4	安全文明生产	遵守安全操作规程，操作现场整洁	20	每项扣5分，扣完为止			
		安全用电，防火，无人身、设备事故		因违规操作发生重大人身和设备事故，此题按0分计			
5	分数合计		100				

 学习任务书

项目任务书——数控车削加工工艺基础

编号：XM-03

专　业		班　级	
姓　名		学　号		组　别	
实训时间		指导教师		成　绩	

一、工艺路线拟定

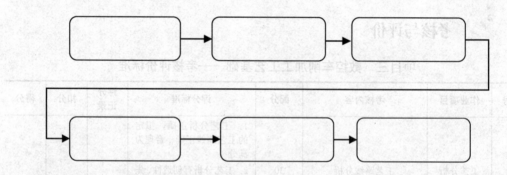

二、刀具选择

零件名称			零件图号	
刀具序号	刀具规格及名称	数　量	加工内容	备　注
1				
2				
3				
4				
5				

项目 三

数控车削加工工艺基础

三、工艺卡片

零件名称				零件图号	
工序号		夹 具		使用设备	
设备号		量 具		材料	
工步号	工步内容		刀具号	主轴转速	进给速度
1					
2					
3					
4					
5					
6					
7					
8					
9					
10					
11					
12					
13					
14					
15					

四、思考题

1．选择切削用量的原则是什么？

2．制定加工工步顺序的原则是什么？

五、实训小结

六、教师评定

教师签名：

日期： 年 月 日

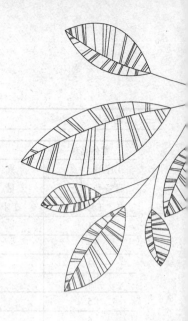

项目四

数控车削加工仿真

Chapter 4 ————————————————

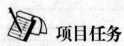 **项目任务**

1. 典型数控仿真软件的使用（广州超软或上海宇龙）。
2. 典型零件的仿真加工。

 教学目标

1. 熟悉仿真软件的参数设置与操作。
2. 练习加工典型零件，掌握程序编制的基本方法与程序检验方法。

 项目设备清单

序　号	名　称	规　格	数　量	备　注
1	多媒体计算机	P4 以上配置	65	
2	数控仿真软件		65	广州超软或上海宇龙
3	多媒体教学平台	配投影设备	1	

项目相关知识学习

一、广州超软 980T 系列仿真软件

（一）启动软件

在启动软件锁服务程序前确保电脑主机是否插上软件锁，如果没有，请在计算机主机（即教师机）插好软件锁后重新启动计算机。软件锁服务程序启动后，学生机才能登录。

学生登录程序的启动：

方法一：打开桌面上【广州超软 CZK 系列软件】的文件夹，双击图 4-1 所示登录窗口中的"CZK-980TD（广州数控）"图标即可。

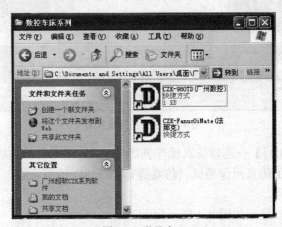

图 4-1　登录窗口

方法二：单击【开始】菜单中的【程序】，指向【广州超软 CZK 系列软件】，再指向【CZK-980T】，然后单击【CZK-980T 登录程序】即可。

在"要登录的主机名或 IP 地址"处填如主机名或主机 IP 地址（一定是插有软件锁并启动了软件锁服务程序的主机），按"确定"按钮进入仿真操作界面如图 4-2 所示。

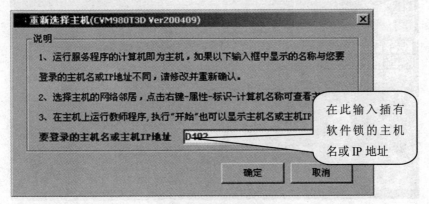

图 4-2　重新选择主机

注：如果服务程序在另一台计算机中运行时，学生登录的主机要改名，改名后，学生机才登录到新的主机，如图 4-2 所示。

学生机登录界面如图 4-3 所示。

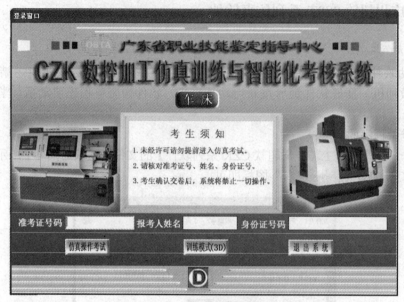

图 4-3　学生机登录界面

按【训练模式（3D）】→选择仿真操作训练 3D 后，进入三维训练模式。

注：该系统包含了仿真操作考试、仿真操作训练 3D 的整合版，在进入系统前先要确认所选的项目是否正确。

登录正常进入后，显示如图 4-4 所示界面。

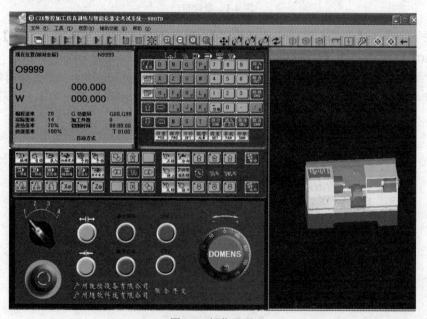

图 4-4　操作界面

（二）操作界面简介

1. 基本操作键

● 电源接通键：当电源接通时，LCD 画面上有内容显示。

● 电源关闭键：当电源断开时，LCD 画面上有内容显示。

● 急停止键：用于机车的紧急停止。

● 卡盘收紧：持续按下此键卡盘自动收紧。

● 卡盘松开：持续按下此键卡盘自动松开。

●■ 环启动：按下该按钮，系统自动运行加工的程序，用暂停、复位、急停可以停止加工。

●■ 暂停方式：在自动加工中用此键来暂停加工，再次按循环启动键，程序继续执行。

■ 编程方式：在编程方式下进行编写、修改、删除程序。

■ 自动方式：在自动方式下进行自动加工。

■ MDI 方式：在 MDI 方式下，系统可以运行单段程序。

■ 机械回零：选择此按钮，再按下轴移动方向键，系统返回机械零点。

● 手轮或单步方式：手轮和单步两者可以互换，具体操作方法是把参数开关打开，把"001"号参数的第五位数字改为 1 就是手轮方式；把"001"号参数的第五位数字改为 0 则是单步方式。

● 动方式：移动 X、Z 轴，启动主轴正转，停止、反转。

■ 段方式：在自动方式下程序单段运行。

■ 机床锁住：锁住床身后，X、Z 轴不运动。

■ MST 功能锁住：锁住 M、S、T 功能不运动。

■ 空运行：用于校验程序。

单步手轮移动量：按下增量选择键 ⊓、⊓、⊓、⊓，选择移动量，见表 4-1。

表 4-1　　　　　　　　　　　　移动量的选择

输入单位制	0.001	0.01	0.1	1
公制输入（毫米）	0.001	0.01	0.1	1

■ 复位键：解除报警，CNC 复位。

■ 输入键：用于输入程序，补偿量等数据。MDI 方式下程序段指令的输入。

■ 输出键：用于程序输出。

■ 插入键：在编辑方式下插入字段。

■ 修改键：在编辑方式下修改字段。

■ 删除键：编辑工作方式中删除数字、字母、程序段或整个程序。

■ 取消键：消除输入缓冲寄存器的字符或符号，缓冲寄存器的内容由 LCD 显示。

■ 上翻页键：使 LCD 画面的页顺方向更换。

■ 下翻页键：使 LCD 画面的页逆方向更换。

↑ 向上查找键：以区分单位使光标向上或向左移动一个区分单位。

↓ 向下查找键：使光标向下、向右移动一个区分单位（持续地按光标上下键时，可使光标连续移动）。用于设定参数开关的开与关及位参数，位诊断详细显示的位选择。

2．机能键

机能键是用于选择各种显示画面的菜单键。每一主菜单下又细分为一些子菜单。机能键对应要显示的内容显示在 LCD 的最下端。

按机能键两次，从子菜单返回主菜单的初始状态。

按上、下翻页键，选择同级菜单的其它菜单内容。

位置键:按下此键，LCD 显示现在的位置，含[相对]、[绝对]、[总和]三个子项，分别显示相对坐标位置、绝对（工件坐标系下的）坐标位置及总和（各种坐标）位置。通过翻页键转换。

程序键：程序的显示、编辑等，含[MDI/模]、[程序]、[现/模]、[目录/存储量]四个子项。

刀补键：刀具补偿量的显示和设定。

设置键：显示、设置各种设置的参数，参数开关和程序开关的状态。

参数键：参数的显示和修改。

（三）床身操作（三维床身）

界面切换：切换界面显示方式。

安装工件：单击该项，出现输入尺寸界面，输入需要的工件尺寸，确定后，即显示工件大小，收紧卡盘即可安装工件，卡盘最大可卡住工件 200mm×1000mm。

工件掉头：在卡盘上的工件可以掉头加工。

移去工件：松开卡盘后，将工件移去。

收紧卡盘：每单击一次该项，卡盘收紧一点，连续单击，卡盘连续收紧。

松开卡盘：每单击一次该项，卡盘松开一点，连续单击，卡盘连续松开。

手动装刀：第一次单击该项，会有提示，按提示要求选择安装需要的刀具，按住鼠标左键拖动刀具到刀架上，松开鼠标左键，如图 4-5 所示。

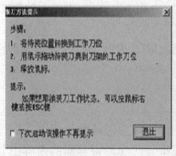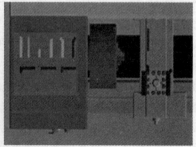

图 4-5　手动装刀

调整刀具：单击该项，选择松螺丝、调整刀具，紧螺钉，如图 4-6 所示。

移去刀具：单击该项，选择要移去的几号刀具，所选择刀具将从刀架上移去。

整体放大：单击该项，按住鼠标左键，床身部分整体放大。

图 4-6　调整刀具

整体缩小：单击该项，按住鼠标左键，床身部分整体缩小。

局部放大：单击该项，根据提示按住鼠标左键拖动所选择的区域（见图 4-7）即可。

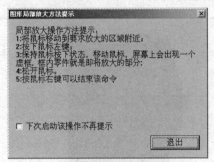

图 4-7　局部放大

正常大小：图形将恢复初始状态。

图形平移：单击该项，将出现一个十字光标，按住鼠标左键可以平移床身。

X 轴旋转：单击该项，按住鼠标左键机床将根据鼠标移动的 X 方向旋转。

Y 轴旋转：单击该项，按住鼠标左键机床将根据鼠标移动的 Y 方向旋转。

Z 轴旋转：单击该项，按住鼠标左键机床将根据鼠标移动的 Z 方向旋转。

随意旋转：单击该项，按住鼠标左键机床将根据鼠标移动的方向随意旋转。

从上方看：从床身的上方观察，如图 4-8 所示。

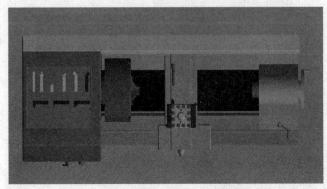

图 4-8　从床身的上方观察

从前方看：从床身的前方观察，如图 4-9 所示。

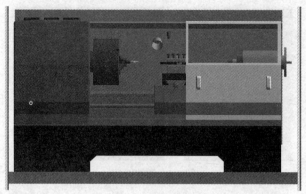

图 4-9　从床身的前方观察

从右边看：从床身的右方观察，如图 4-10 所示。

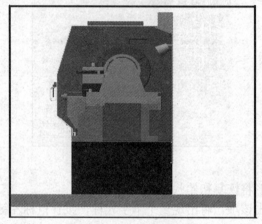

图 4-10　从床身的右方观察

尺寸测量：选择要测量的类型，移动到测量的位子，单击执行测量，如图 4-11 所示。

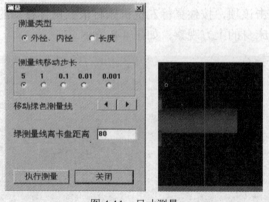

图 4-11　尺寸测量

开关车门：对于车门开关操作。

系统设置：单击系统设置，进入后双击各选项可以手调床身各部分颜色、背景颜色、光源设置、显示车门、改变工件已加工面与未加工颜色等，如图 4-12 所示。

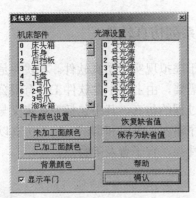

图 4-12 系统设置

帮助：关于软件的版本号

退出系统：退出当前操作。

状态打开：单击该项，系统可以将你保存的状态打开，如图 4-13 所示。

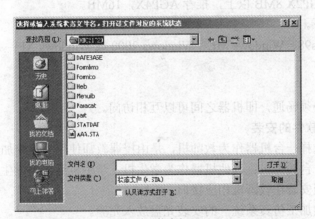

图 4-13 状态打开

状态保存：单击该项，系统可以将当前状态保存，如图 4-14 所示。

辅助功能：单击该项，可进行如图 4-15 所示的相关操作。

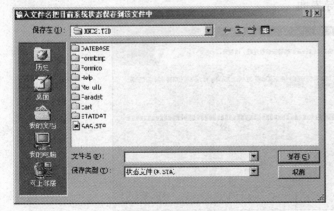

图 4-14 状态保存

图 4-15 辅助功能

二、上海宇龙 980T 系列仿真软件

数控加工仿真系统是基于虚拟现实的仿真软件。本软件是为了满足企业数控加工仿真和教育部门数控技术教学的需要，由上海宇龙软件工程有限公司研制开发。本系统可以实现对数控铣和数控车加工全过程的仿真，其中包括毛坯定义与夹具，刀具定义与选用，零件基准测量和设置，数控程序输入、编辑和调试，加工仿真以及各种错误加检测功能。本产品具有仿真效果好、针对性强、宜于普及等特点。

（一）软件安装

1. 系统要求

硬件配置如下。

- CPU 为 PⅡ 400 以上。
- 内存为 64MB 以上。
- 显示器为 1024X768，支持 16 位以上的颜色。
- 显卡为 AGP2X 8MB 以上，推荐 AGP4X，16MB。

操作系统如下。

中文 Windows98、Windows ME、Windows 2000 或 Windows XP；必须安装有 TCP/IP 网络协议。

2. 网络要求

局域网内部必须畅通，即机器之间可以互相访问。

3. 数控仿真软件的安装

在局域网中选择一台机器作为教师机，是由授课教师使用的数控加工仿真系统，一个局域网内只能有一台教师机；其他机器作为学生机，学生机通常由学生使用。

（1）将加密锁安装在教师机相应接口。

（2）将"数控加工仿真系统"的安装光盘放入光驱。

（3）在"资源管理器"中，单击"光盘"，在显示的文件夹目录中单击"数控加工仿真系统 4.0"的文件夹。

（4）选择了适当的文件夹后，单击打开。在显示的文件名目录中双击 ，系统弹出如图 4-16 所示的安装向导界面。

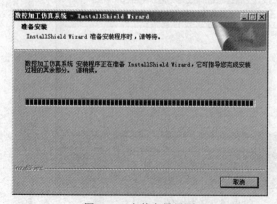

图 4-16　安装向导界面

（5）在系统接着弹出的"欢迎"界面中单击"下一步"按钮，如图 4-17 所示。

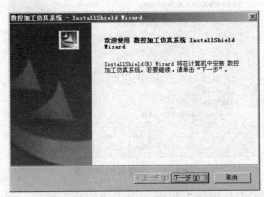

图 4-17　单击"下一步"按钮

（6）进入"选择安装类型"界面，选择"教师机"或"学生机"，如图 4-18 所示。

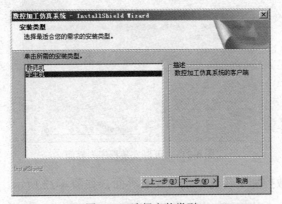

图 4-18　选择安装类型

（7）系统接着弹出的"软件许可证协议"界面中单击"是"按钮，如图 4-19 所示。

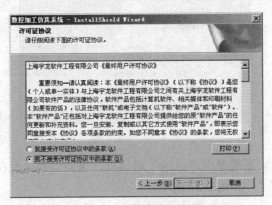

图 4-19　软件许可证协议

（8）系统弹出"选择目的地位置"界面，在"目的地文件夹"中单击"浏览"按钮，选择所需的目标文件夹，默认的是"C:\Programme files \数控加工仿真系统"，如图 4-20 所示。目标文件夹选择完成后，单击"下一步"按钮。

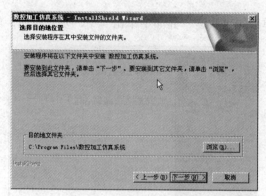

图 4-20　选择目的地位置

（9）系统进入"可以安装程序"界面，单击"安装"按钮，如图 4-21 所示。

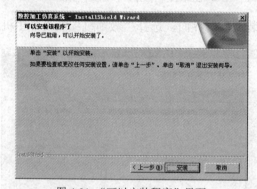

图 4-21　"可以安装程序"界面

（10）此时弹出数控加工仿真系统的安装界面，如图 4-22 所示。

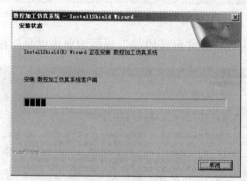

图 4-22　安装界面

（11）安装完成后，系统弹出"问题"对话框，询问"是否要在桌面上安装数控加工仿真系统的快捷方式？"，如图 4-23 所示。

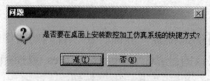

图 4-23　"问题"对话框

（12）创建完快捷方式后，完成仿真软件的安装，如图 4-24 所示。

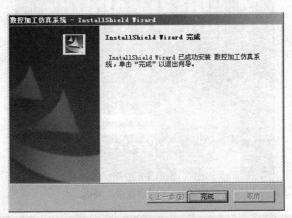

图 4-24　仿真软件的安装

（二）启动软件

教师机的数控加工仿真系统上装有加密锁管理程序，用来管理加密锁、控制仿真系统运行状态。只有加密锁管理程序运行后，教师机和学生机的数控加工仿真系统才能运行。

1. 启动加密锁管理程序

用鼠标左键依次单击"开始"—"程序"—"数控加工仿真系统"—"加密锁管理程序"，如图 4-25 所示。

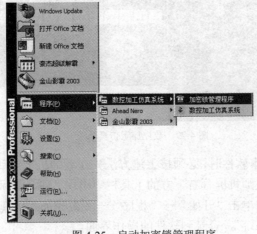

图 4-25　启动加密锁管理程序

加密锁程序启动后，屏幕右下方的工具栏中将出现"📷"图标。

2. 运行数控加工仿真系统

依次单击"开始"—"程序"—"数控加工仿真系统"—"数控加工仿真系统"，系统将弹出如图 4-26 所示的"用户登录"界面。

此时，可以通过单击"快速登录"按钮进入数控加工仿真系统的操作界面或通过输入用户名和密码，再单击"登录"按钮，进入数控加工仿真系统，如图 4-27 所示。

图 4-26 "用户登录"界面

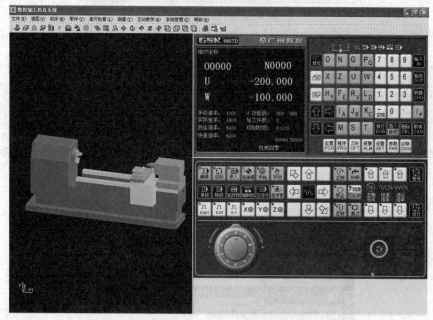

图 4-27 数控加工仿真系统

注：在局域网内使用本软件时，必须按上述方法先在教师机上启动"加密锁管理程序"。等到教师机屏幕右下方的工具栏中出现"☎"图标后。才可以在学生机上依次单击"开始"—"程序"—"数控加工仿真系统"—"数控加工仿真系统"，登录到软件的操作界面。

图 4-28 "加密锁管理程序"右键菜单

3. 设置数控加工仿真系统运行状态

数控加工仿真系统分为三种运行状态，练习、授课、考试。

用鼠标右键单击"加密锁管理程序"的小图标"☎"，将弹出如图 4-28 所示菜单。

练习：加密锁管理程序默认为练习状态，此时运行数控加工仿真系统，教师机与学生机间没有交互，可供教师与学生自由使用。

授课：用于互动教学，在教师授课时使用。

考试：用于考试。

（三）机床台面操作

1. 选择机床类型

打开菜单"机床/选择机床…"，如图 4-29 所示，或者单击工具条上的小图标 🖨，在"选择机床"对话框中，机床类型选择相应的机床，在厂家及型号下拉框中选择相应的型号，按"确定"按钮，此时界面如图 4-29 所示。

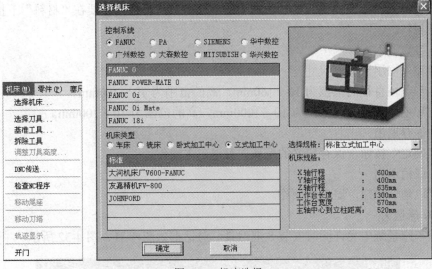

图 4-29　机床选择

2. 工件的使用

打开菜单"零件/定义毛坯"或在工具条上选择" 🗁 "，系统打开如图 4-30 所示的对话框。

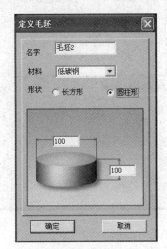

（a）长方形毛坯定义　　　　　（b）圆形毛坯定义

图 4-30　"定义毛坯"对话框

（1）名字输入

在毛坯名字输入框内输入毛坯名，也可以使用缺省值。

（2）选择毛坯形状

铣床、加工中心有两种形状的毛坯供选择：长方形毛坯和圆柱形毛坯。可以在"形状"下拉列表中选择毛坯形状。

车床仅提供圆柱形毛坯。

（3）选择毛坯材料

毛坯材料列表框中提供了多种供加工的毛坯材料，可根据需要在"材料"下拉列表中选择毛坯材料。

（4）参数输入

尺寸输入框用于输入尺寸。

圆柱形毛坯直径的范围为10～160mm，高的范围为10～280mm。

长方形毛坯长和宽的范围为10～1000mm，高的范围为10～200mm。

（5）保存退出

按"确定"按钮，保存定义的毛坯并且退出本操作。

（6）取消退出

按"取消"按钮，退出本操作。

3. 车床选刀

数控车床系统中允许同时安装8把刀具。对话框如图4-31、图4-32所示。

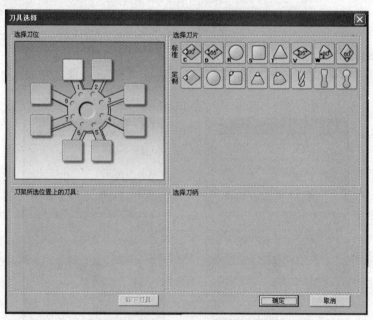

图4-31　车刀选择对话框

（1）选择车刀

① 在对话框左侧排列的编号1～8中，选择所需的刀位号。刀位号即为刀具在车床刀架上的位置编号。被选择的刀位编号的背景颜色变为浅黄色。

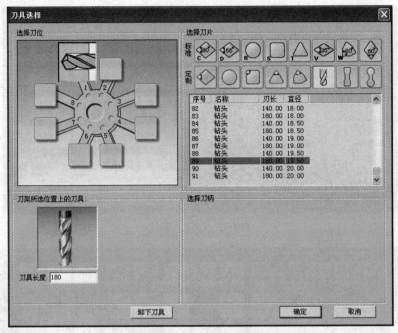

图 4-32 车刀选择对话框

② 在刀片列表框中选择了所需的刀片后,系统自动给出相匹配的刀柄供选择。

③ 指定加工方式,可选择内圆加工或外圆加工。

④ 选择刀柄。当刀片和刀柄都选择完毕,刀具被确定,并且输入到所选的刀位。刀位号右侧对应的图片框中显示装配完成的完整刀具。

注:如果在刀片列表框中选择了钻头,系统只提供一种默认刀柄,则刀具已被确定,显示在所选刀位号右侧的图片框中。

(2)刀尖半径修改

允许操作者修改刀尖半径,刀尖半径范围为 0~10mm。

(3)刀具长度修改

允许修改刀具长度。刀具长度是指从刀尖开始到刀架的距离。刀具长度的范围为 60~300mm。

(4)输入钻头直径

当在刀片中选择钻头时,"钻头直径"一栏变亮,允许输入长度。如图 4-8 所示。

(5)删除当前刀具

在当前选中的刀位号中的刀具可通过"删除当前刀具"键删除。

(6)确认选刀

选择完刀具,完成刀尖半径(钻头直径),刀具长度修改后,按"确认退出"键完成选刀,刀具按所选刀位安装在刀架上;按"取消退出"键退出选刀操作。

注:选择车刀时,刀位号被选中的刀具在确认退出后,放置在刀架上可立即加工零件的位值。

4. 广州数控 GSK980T 面板操作

CRT 及键盘如图 4-33 所示,操作面板如图 4-34 所示。各按键名称见表 4-2。

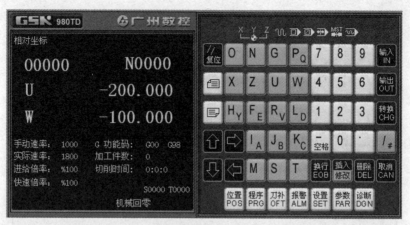

图 4-33 CRT 及键盘

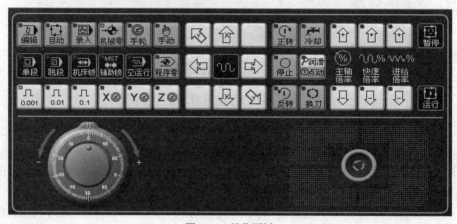

图 4-34 操作面板

表 4-2　　　　　　　　　　　各按键名称

图标	键名	图标	键名
	编辑方式按钮		空运行按钮
	自动加工方式按钮		返回程序起点按钮
	录入方式按钮		单步/手轮移动量按钮
	回参考点按钮		手摇轴选择
	单步方式按钮		紧急开关
	手动方式按钮	HAND	手轮方式切换按钮
	单程序段按钮	MST	辅助功能锁住
	机床锁住按钮		

5. 车床零件的测量

数控加工仿真系统提供了卡尺以完成对零件的测量。如果当前机床上有零件且零件不处于正在被加工的状态，菜单选择"测量\坐标测量…"弹出对话框。

对话框上半部分的视图显示了当前机床上零件的剖面图。坐标系水平方向上以零件轴心为 Z 轴，向右为正方向，默认零件最右端中心记为原点，拖动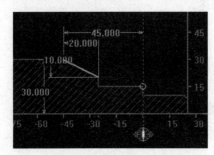可以改变 Z 轴的原点位置。垂直方向上为 X 轴，显示零件的半径刻度。Z 方向、X 方向各有一把卡尺用来测量两个方向上的投影距离。

下半部分的列表中显示了组成视图中零件剖面图的各条线段。每条线段包含以下数据。

- 标号：每条线段的编号，单击"显示标号"按钮，视图中将用黄色标注出每一条线段在此列表中对应的标号。
- 线型：包括直线和圆弧，螺纹将用小段的直线组成。
- X：显示此线段自左向右的起点 X 值，即直径/半径值。选中"直径方式显示 X 坐标"，列表中"X"列显示直径，否则显示半径。
- Z：显示此线段自左向右的起点距零件最右端的距离。
- 长度：线型若为直线，显示直线的长度；若为圆弧，显示圆弧的弧长。
- 累积长：从零件的最右端开始到线段的终点在 Z 方向上的投影距离。
- 半径：线型若为直线，不做任何显示；若为圆弧，显示圆弧的半径。
- 终点/圆弧角度：线型若为直线，显示直线终点坐标；若为圆弧，显示圆弧的角度。

选择一条线段：有以下几种方法。

方法一：在列表中单击选择一条线段，当前行变蓝，视图中将用黄色标记出此线段在零件剖面图上的详细位置。

方法二：在视图中单击一条线段，线段变为黄色，且标注出线段的尺寸。对应列表中的一条线段显示变蓝。

方法三：单击"上一段""下一段"可以相邻线段间切换。视图和列表中相应变为选中状态。

设置测量原点：有以下两种方法。

方法一：在按钮前的编辑框中填入所需坐标原点距零件最右端的位置，点击"设置测量原点"按钮。

方法二：拖动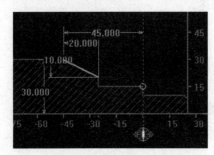，改变测量原点。拖动时在虚线上有一黄色圆圈在 Z 轴上滑动，遇到线段端点时，跳到线段端点处，如图 4-35 所示。

图 4-35　遇到线段端点

数控车削加工技术

视图操作：鼠标选择对话框中"放大"或者"移动"可以使鼠标在视图上拖动时做相应的操作，完成放大或者移动视图。点及"复位"按钮视图恢复到初始状态。

选中"显示卡盘"，视图中用红色显示卡盘位置，如图 4-36 所示。

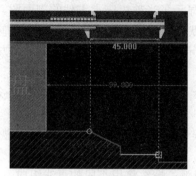

图 4-36　红色显示卡盘位置

卡尺测量：在视图的 X、Z 方向各有一把卡尺，可以拖动卡尺的两个卡爪测量任意两位置间的水平距离和垂直距离。移动卡爪时，延长线与零件焦点由 变为 时，卡尺位置为线段的一个端点，用同样的方法使另一个卡爪处于端点位置，就测出两端点间的投影距离，此时卡尺读数为 45.000。通过设置"游标卡尺捕捉距离"，可以改变卡尺移动端查找线段端点的范围。

单击"退出"按钮，即可退出此对话框。

任务实施

（一）布置任务，学生分组

根据项目任务的要求，布置具体任务。

（二）具体实施步骤

1. 选择一套数控仿真系统登录启动软件

根据学校现有教学设备条件，选择上海宇龙或广州超软仿真系统。启动仿真软件。

2. 选择 GSK980T 系数控系统的车床

选择车床时一般用标准型，前置刀架。

3. 开启机床

开启机床的方法如前所述。

4. 机床操作

① 回零操作。

② 定义毛坯和安装工件。

③ 选择并安装刀具。

④ 进行手动与手轮进给。

⑤ MDI 运行。

⑥ 进行手动切削加工。

⑦ 进行零件测量。

⑧ 拆除零件与刀具。

5. 参数设置

① 设置保存文件路径。

② 设置机床颜色与防护门。

③ 设置声音与仿真轨迹。

（三）小组小结任务实施情况

各小组经讨论后，选出一名代表小结任务实施情况并展示本组制定的工艺卡。

（四）完成工作任务书

组员单独完成，组内交互检查，交教师评阅。

（五）评价反馈与考核

教师组织学生进行自评，互评与单独抽查考核，作为学生考核成绩。并对学生存在的普遍问题进行强化。

 考核与评价

项目四　数控车削加工仿真——考核评价标准

序号	作业项目	考核内容	配分	评分标准	评分记录	扣分	得分
1	启动软件	正确启动数控仿真软件	20	1．能正常启动软件并选择所对应的数控系统为满分 2．操作错误一次扣5分			
2	仿真软件机床面板操作	正确操作仿真软件	30	1．正常操作仿真软件为满分 2．操作错误一次扣5分 3．导致死机一次扣10分			
3	机床参数设置	正确设置机床参数	30	1．能正确设置所需参数为满分 2．不能正确设置一项参数扣5分			
4	安全文明生产	遵守安全操作规程，操作现场整洁	20	每项扣5分，扣完为止			
		安全用电，防火，无人身、设备事故		因违规操作发生重大人身和设备事故，此题按0分计			
5	分数合计		100				

学习任务书

项目任务书——数控车削加工仿真

编号：XM-04

专　业		班　级			
姓　名		学　号		组　别	
实训时间		指导教师		成　绩	

一、思考题

1. 国内常见数控仿真软件有哪些？

2. 数控仿真系统有哪些优点与缺点？

3. 简述回零、手轮进给、手动进给的操作步骤。

二、实训小结

三、教师评定

教师签名：

日期：　　年　　月　　日

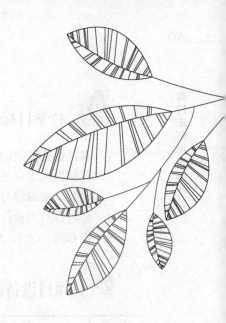

项目五

数控车削编程基础

Chapter 5

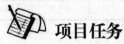

项目任务

1. 工件坐标系建立。
2. 对刀练习。
3. 典型数控系统的程序编制（GSK980TD）。柱塞零件图如图 5-1 所示。

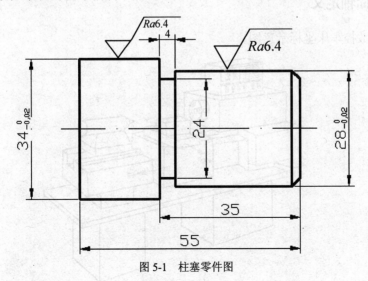

图 5-1　柱塞零件图

 **教学目标**

1. 掌握数控车削加工程序的格式。
2. 理解机床坐标系、工件坐标系、机床参考点等概念。
3. 理解增量编程与绝对编程含义。
4. 会进行对刀操作。
5. 会 G00、G01、M03、M04、F、S 等常用指令的使用。

 项目设备清单

序　号	名　　称	规　　格	数　量	备　　注
1	数控仿真系统	980T 系列	35	
2	多媒体计算机	P4 以上配置	35	
3	数控车床	400mm×1000 mm	8	GSK980TD
4	卡盘扳手	与车床配套	8	
5	刀架扳手	与车床配套	8	
6	车刀	90°外圆	8	
7	切刀	5mm 切宽	8	
8	材料	ϕ40mm×80mm	35	45 号钢或工程塑料
9	油壶、毛刷及清洁棉纱		若干	

 项目相关知识学习

一、坐标轴定义

图 5-2 为数控车床坐标示意图。

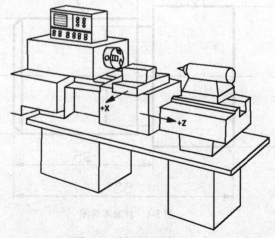

图 5-2　数控车床坐标

GSK980TD 使用 X 轴、Z 轴组成的直角坐标系，X 轴与主轴轴线垂直，Z 轴与主轴轴线方向平行，接近工件的方向为负方向，离开工件的方向为正方向。

按刀座与机床主轴的相对位置划分，数控车床有前刀座坐标系和后刀座坐标系，图 5-3 为前刀座的坐标系，图 5-4 为后刀座的坐标系。从图中可以看出，前、后刀座坐标系的 X 轴方向正好相反，而 Z 轴方向是相同的。在以后的图示和例子中，用前刀座坐标系来说明编程的应用。

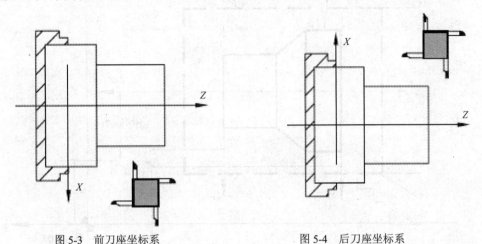

图 5-3　前刀座坐标系　　　　　　　图 5-4　后刀座坐标系

二、机床坐标系和机械零点

机床坐标系是 CNC 进行坐标计算的基准坐标系，是机床固有的坐标系，机床坐标系的原点称为机械参考点或机械零点，机械零点由安装在机床上的回零开关决定，通常情况下回零开关安装在 X 轴和 Z 轴正方向的最大行程处。进行机械回零操作、回到机械零点后，GSK980TD 将当前机床坐标设为零，建立了以当前位置为坐标原点的机床坐标系。

注：如果车床上没有安装零点开关，请不要进行机械回零操作，否则可能导致运动超出行程限制、机械损坏。

三、工件坐标系和程序零点

工件坐标系是按零件图样设定的直角坐标系，又称浮动坐标系。当零件装夹到机床上后，根据工件的尺寸用 G50 指令设置刀具当前位置的绝对坐标，在 CNC 中建立工件坐标系。通常工件坐标系的 Z 轴与主轴轴线重合，X 轴位于零件的首端或尾端。工件坐标系一旦建立便一直有效，直到被新的工件坐标系所取代。

用 G50 设定工件坐标系的当前位置称为程序零点，执行程序回零操作后就回到此位置。

注：在上电后如果没有用 G50 指令设定工件坐标系,请不要执行回程序零的操作,否则会产生报警。

图 5-5 中，XOZ 为机床坐标系，$X_1O_1Z_1$ 为 X 坐标轴在工件首端的工件坐标系，$X_2O_2Z_2$ 为 X 坐标轴在工件尾端的工件坐标系，O 为机械零点，A 为刀尖，A 在上述三坐标系中的坐标如下。

A 点在机床坐标系中的坐标为(x,z);

A 点在 $X_1O_1Z_1$ 坐标系中的坐标为 (x_1, z_1)；

A 点在 $X_2O_2Z_2$ 坐标系中的坐标为 (x_2, z_2)。

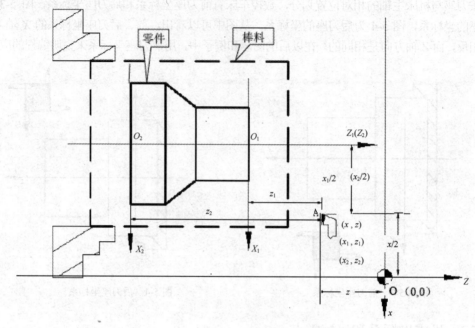

图 5-5　坐标系

四、插补功能

插补是指两个或多个轴同时运动，运动合成的轨迹符合确定的数学关系，构成二维（平面）或三维（空间）的轮廓，这种运动控制方式也称为轮廓控制。插补时控制的运动轴称为联动轴，联动轴的移动量、移动方向和移动速度在整个运动过程中同时受控，以形成需要的合成运动轨迹。只控制 1 轴或多轴的运动终点，不控制运动过程的运动轨迹，这种运动控制方式称为定位控制。

GSK980TD 的 X 轴和 Z 轴为联动轴，属于二轴联动 CNC。GSK980TD 具有直线、圆弧和螺纹插补功能。

* 直线插补：X 轴和 Z 轴的合成运动轨迹为从起点到终点的一条直线。
* 圆弧插补：X 轴和 Z 轴的合成运动轨迹为半径由 R 指定、或圆心由 I、K 指定的从起点到终点的圆弧。
* 螺纹插补：主轴旋转的角度决定 X 轴或 Z 轴或两轴的移动量，使刀具在随主轴旋转的回转体工件表面形成螺旋形切削轨迹，实现螺纹车削。螺纹插补方式时，进给轴跟随主轴的旋转运动，主轴旋转一周螺纹切削的长轴移动一个螺距，短轴与长轴进行直线插补。

示例如下，如图 5-6 所示。

G32 W-27 F3；　（$B \rightarrow C$：螺纹插补）

G1 X50 Z-30 F100；

G1 X80 Z-50；　（$D \rightarrow E$：直线插补）

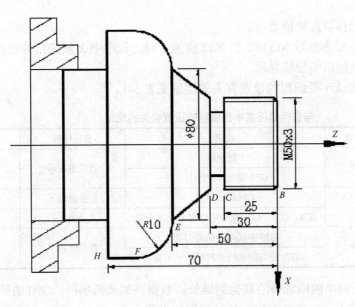

图 5-6　插补示例

G3 X100 W-10 R10；（E→F：圆弧插补）

...

M30；

五、绝对坐标编程和相对坐标编程

编写程序时，需要给定轨迹终点或目标位置的坐标值，按编程坐标值类型可分为：绝对坐标编程、相对坐标编程和混合坐标编程三种编程方式。

使用 X、Z 轴的绝对坐标值编程（用 X、Z 表示）称为绝对坐标编程。

使用 X、Z 轴的相对位移量（以 U、W 表示）编程称为相对坐标编程。

GSK980TD 允许在同一程序段 X、Z 轴分别使用绝对编程坐标值和相对位移量编程，称为混合坐标编程。

示例：A→B 直线插补，如图 5-7 所示。

- 绝对坐标编程：G01 X200.Z50.；
- 相对坐标编程：G01 U100.W-50.；
- 混合坐标编程：G01 X200.W-50.；或 G01 U100. Z50.；

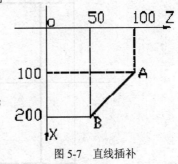

图 5-7　直线插补

注：当一个程序段中同时有指令地址 X、U 或 Z、W，X、Z 指令字有效。

例如：G50 X10. Z20.；

G01 X20. W30. U20. Z30.；【此程序段的终点坐标为（X20，Z30）】

六、直径编程和半径编程

按编程时 X 轴坐标值以直径值还是半径值输入可分为直径编程和半径编程。

直径编程：状态参数 NO.001 的 Bit2 位为 0 时，程序中 X 轴的指令值按直径值输入，此时，X 轴的坐标以直径值显示。

半径编程：状态参数 NO.001 的 Bit2 位为 1 时，程序中 X 轴的指令值按半径值输入，此时，X 轴的坐标以半径值显示。

与直径编程或半径编程的设置有关的地址见表 5-1。

表 5-1　　　　　与直径编程或半径编程的设置有关的地址

	地址	说明	直径编程	半径编程
与直径和半径编程的设置有关的地址	X	X 轴坐标	直径值表示	半径值表示
		G50 设定 X 轴坐标		
	U	X 轴移动增量	直径值表示	半径值表示
		G71、G72、G73 指令中 X 轴精加工余量		
	R	G75 中切削后的退刀量	直径值表示	半径值表示
		G71 中切削到终点时候的退刀量		

除表 5-1 所列举的地址外的其他的地址、数据，如圆弧半径、G90 的锥度等 X 轴指令值均按半径值输入，与直径编程或半径编程的设置无关。

注 1：在本书后述的说明中，如没有特别指出，均采用直径编程。

七、程序的构成

为了完成零件的自动加工，用户需要按照 CNC 的指令格式编写零件程序（简称程序）。CNC 执行程序完成机床进给运动、主轴启停、刀具选择、冷却、润滑等控制，从而实现零件的加工。

从图 5-8 所示零件为例，程序示例如下。

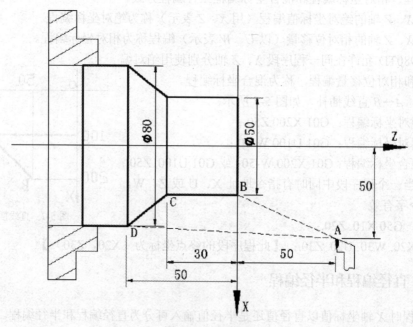

图 5-8　加工示例

图 5-8 所示零件加工程序如表 5-2 所示。

表 5-2　　　　　　　　　　　零件加工程序

程序段号	程序	说明
0	00001；	程序名
N0005	G0 X100 Z50；	快速定位至 A 点
N0010	M12；	夹紧工件
N0015	T0101；	换 1 号刀，执行 1 号刀偏
N0020	M3 S600；	启动主轴，置主轴转速 600r/min
N0025	M8	开切削液
N0030	G1 X50 Z0 F600；	以 600mm/min 速度靠近 B 点
N0040	W-30 F200；	从 B 点切削至 C 点
N0050	X80 W-20 F150；	从 C 点切削至 D 点
N0060	G0 X100 Z50；	快速退回 A 点
N0070	T0100；	取消刀偏
N0080	M5 S0；	停止主轴
N0090	M9；	关切削液
N0100	M13；	松开工件
N0110	M30；	程序结束，关主轴、切削液
N0120		%

执行完上述程序，刀具将走出 $A \rightarrow B \rightarrow C \rightarrow D \rightarrow A$ 的轨迹。

1. 程序的一般结构

程序是由以"OXXXX"（程序名）开头、以"%"号结束的若干行程序段构成的。程序段是以程序段号开始（可省略），以"；"或"*"结束的若干个指令字构成。程序的一般结构如图 5-9 所示。

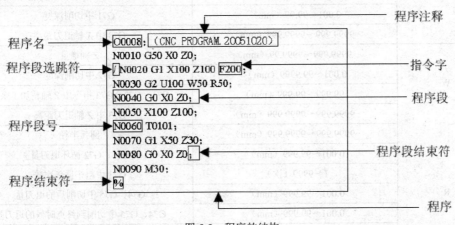

图 5-9　程序的结构

（1）程序名

GSK980TD 最多可以存储 384 个程序，为了识别区分各个程序，每个程序都有唯一的程序名（程序名不允许重复）。程序名位于程序的开头，由 O 及其后的四位数字构成。

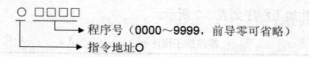

程序号（0000～9999，前导零可省略）

指令地址O

（2）指令字

指令字是用于命令 CNC 完成控制功能的基本指令单元，指令字由一个英文字母（称为指令地址）和其后的数值（称为指令值，为有符号数或无符号数）构成。指令地址规定了其后指令值的意义，在不同的指令字组合情况下，同一个指令地址可能有不同的意义。表 5-3 为 GSK980TD 所有指令字的一览表。

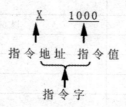

X 1000

指令地址 指令值

指令字

表 5-3   指令字一览表

指令地址	指令值取值范围	功能意义
O	0～9999	程序名
N	0～9999	程序段号
G	00～99	准备功能
X	-9999.999～9999.999（mm）	X 轴坐标
	0～9999.999（s）	暂停时间
Z	-9999.999～9999.999（mm）	Z 轴坐标
U	-9999.999～9999.999（mm）	X 轴增量
	0～9999.999（s）	暂停时间
	-99.999～99.999（mm）	G71、G72、G73 指令中 X 轴精加工余量
	0.001～99.99（mm）	G71 中切削深度
	-9999.999～9999.999（mm）	G73 中 X 轴退刀距离
W	-9999.999～9999.99（mm）	Z 轴增量
	0.001～99.9999（mm）	G72 中切削深度
	-99.999～99.999（mm）	G71、G72、G73 指令中 Z 轴精加工余量
	-9999.999～9999.999（mm）	G73 中 Z 轴退刀距离
R	-9999.999～9999.999（mm）	圆弧半径
	0.001～99.999（mm）	G71、G72 循环退刀量
	1～9999（次）	G73 中粗车循环次数
	0.001～99.999（mm）	G74、G75 中切削后的退刀量
	0.001～99.999（mm）	G74、G75 中切削到终点时候的退刀量
	0.001～9999.999（mm）	G76 中精加工余量
	-9999.999～9999.999（mm）	G90、G92、G94、G96 中锥度
I	-9999.999～9999.999（mm）	圆弧中心相对起点在 X 轴矢量
	0.06～25400（牙/in）	英制螺纹牙数

指令地址	指令值取值范围	功能意义
K	−9999.999～9999.999（mm）	圆弧中心相对起点在 Z 轴矢量
F	0～8000（mm/min）	分进给速度
	0.0001～500（mm/r）	转进给速度
	0.001～500（mm）	公制螺纹导程
S	0～9999（r/min）	主轴转速指定
	00～04	多档主轴输出
T	01～32	刀具功能
M	00～99	辅助功能输出、程序执行流程
	9000～9999	子程序调用
P	0～9999999（0.001s）	暂停时间
	0～9999	调用的子程序号
	0～999	子程序调用次数
	0～9999999（0.001mm）	G74、G75 中 X 轴循环移动量
		G76 中螺纹切削参数
	0～9999	复合循环指令精加工程序段中起始程序段号
Q	0～9999	复合循环指令精加工程序段中起始程序段号
	0～9999999（0.001mm）	G74、G75 中 Z 轴循环移动量
	1～9999999（0.001mm）	G76 中第一次切入量
	1～9999999（0.001mm）	G76 中最小切入量
H	01～99	G65 中运算符

（3）程序段

程序段由若干个指令字构成，以"；"或"*"结束，是 CNC 程序运行的基本单位。程序段之间用字符"；"或"*"分开，本书中用"；"表示。

示例如下。

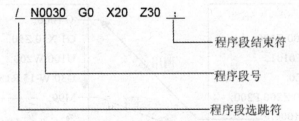

一个程序段中可输入若干个指令字，也允许无指令字而只有"；"号（EOB 键）结束符。有多个指令字时，指令字之间必须输入一个或一个以上空格。

在同一程序段中，除 N、G、S、T、H、L 等地址外，其他的地址只能出现一次，否则将产生报警（指令字在同一个程序段中被重复指令）。N、S、T、H、L 指令字在同一程序段中重复输入时，相同地址的最后一个指令字有效。同组的 G 指令在同一程序段中重复输入时，最后一个 G 指令有效。

（4）程序段号

程序段号由地址 N 和后面四位数构成：N0000～N9999，前导零可省略。程序段号应位于程序段的开头，否则无效。

程序段号可以不输入，但程序调用、跳转的目标程序段必须有程序段号。程序段号的顺序可以是任意的，其间隔也可以不相等，为了方便查找、分析程序，建议程序段号按编程顺序递增或递减。

如果在开关设置页面将"自动序号"设置为"开"，将在插入程序段时自动生成递增的程序段号，程序段号增量由参数№42 设定。

（5）程序段选跳符

如在程序执行时不执行某一程序段（而又不想删除该程序段），就在该程序段前插入"/"，并打开程序段选跳开关 ▣ 。程序执行时此程序段将被跳过、不执行。如果程序段选跳开关未打开，即使程序段前有"/"该程序段仍会执行。

（6）程序结束符

"％"为程序文件的结束符，在通信传送程序时，"％"为通信结束标志。新建程序时，CNC 自动在程序尾部插入"％"。

（7）程序注释：

为方便用户查找程序，每个程序可编辑不超过 20 个字符（10 个汉字）的程序注释，程序注释位于程序名之后的括号内，在 CNC 上只能用英文字母和数字编辑程序注释；在 PC 机上可用中文编辑程序注释，程序下载至 CNC 后，CNC 可以显示中文程序注释。

2. 主程序和子程序

为了简化编程，当相同或相似的加工轨迹、控制过程需要多次使用时，就可以把该部分的程序指令编辑为独立的程序进行调用。调用该程序的程序称为主程序，被调用的程序（以 M99 结束）称为子程序。子程序和主程序一样占用系统的程序容量和存储空间，子程序必须有自己独立的程序名，子程序可以被其他任意主程序调用，也可以独立运行。子程序结束后就返回到主程序中继续执行，如图 5-10 所示。

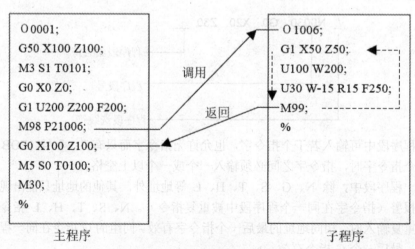

图 5-10　主程序与子程序的调用

八、程序的运行

1. 程序运行的顺序

GSK980TD 必须在自动操作方式下才能运行当前打开的程序，不能同时打开 2 个或更多程序，因此，GSK980TD 在任一时刻只能运行一个程序。打开一个程序时，光标位于第一个程序段的行首，在编辑操作方式下可以移动光标。在自动操作方式的运行停止状态，用循环启动信号（机床面板的 🔲 键或外接循环启动信号）从当前光标所在的程序段启动程序的运行，通常按照程序段编写的先后顺序逐个程序段执行，直到执行了 M02 或 M30 指令，程序运行停止。光标随着程序的运行而移动，始终位于当前程序段的行首。在以下情况下，程序运行的顺序或状态会发生改变。

① 程序运行时按了 🔲 键或急停按钮，程序运行终止。

② 程序运行时产生了 CNC 报警或 PLC 报警，程序运行终止。

③ 程序运行时操作方式被切换到了录入、编辑操作方式，程序运行单段停（运行完当前的程序段后，程序运行暂停），切换至自动操作方式，再按 🔲 键或外接循环启动信号接通时，程序从当前光标所在的程序段启动程序的运行。

④ 程序运行时操作方式被切换到手动、手轮、单步、程序回零、机械回零操作方式，程序运行暂停，切换至自动操作方式，再按 🔲 键或外接循环启动信号接通时，程序从停止的位置继续运行。

⑤ 程序运行时按了 🔲 键或外接暂停信号断开，程序运行暂停，再按 🔲 键或外接循环启动信号接通时，程序从停止的位置继续运行。

⑥ 单段开关打开时，每个程序段运行结束后程序运行暂停，需再按 🔲 键或外接循环启动信号接通时，从下一程序段继续运行。

⑦ 程序段选跳开关打开，程序段前有"/"的程序段被跳过、不执行。

⑧ 执行 G65 跳转指令时，转到跳转目标程序段运行。

⑨ 执行 G70～73 复合循环指令的程序运行顺序比较特殊。

⑩ 执行 M98 或 M9000～M9999 指令时，调用对应的子程序或宏程序运行；子程序或宏程序运行结束，执行 M99 指令时，返回主程序中调用程序段的下一程序段运行（如果 M99 指令规定了返回的目标程序段号，则转到目标程序段运行）。

⑪ 在主程序（该程序的运行不是因其它程序的调用而启动）中执行 M99 指令时，返回程序第一段继续运行，当前程序将反复循环运行。

2. 程序段内指令字的执行顺序

一个程序段中可以有 G、X、Z、F、R、M、S、T 等多个指令字，大部分 M、S、T 指令字由 NC 解释后送给 PLC 处理，其他指令字直接由 NC 处理。M98、M99、M9000～M9999，以及以转/分、米/分为单位给定主轴转速的 S 指令字也是直接由 NC 处理。

当 G 指令与 M00、M01、M02、M30 在同一个程序段中时，NC 执行完 G 指令后，才执行 M 指令，并把对应的 M 信号送给 PLC 处理。

当 G 指令字与 M98、M99、M9000～M9999 指令字在同一个程序段中时，NC 执行完 G 指令后，才执行这些 M 指令字（不送 M 信号给 PLC）。

当 G 指令字与其他由 PLC 处理的 M、S、T 指令字在同一个程序段中时，由 PLC 程序（梯形图）决定 M、S、T 指令字与 G 指令字同时执行，或者在执行完 G 指令后再执行 M、S、T 指令字，有关指令字的执行顺序应以机床厂家的说明书为准。

GSK980TD 标准 PLC 程序定义的 G、M、S、T 指令字在同一个程序段的执行顺序如下。

① M3、M4、M8、M10、M12、M32、M41、M42、M43、M44、S□□、T□□□□与 G 指令字同时执行。

② M5、M9、M11、M13、M33 在执行完 G 指令字后再执行。

③ M00、M02、M30 在当前程序段其它指令执行完成后再执行。

九、常用 MSTF 指令

1. M 指令（辅助功能）

M 指令由指令地址 M 和其后的 1～2 位数字或 4 位数组成，用于控制程序执行的流程或输出 M 代码到 PLC。

M □□□□
→ 指令值（00~99、9000~9999，前导零可省略）
→ 指令地址

M98、M99、M9000～M9999 由 NC 独立处理，不输出 M 代码给 PLC。

M02、M30 已由 NC 定义为程序结束指令，同时也输出 M 代码到 PLC，可由 PLC 程序用于输入、输出控制（关主轴、关切削液等）。

M98、M99、M9000～M9999 作为程序调用指令，M02、M30 作为程序结束指令，PLC 程序不能改变上述指令意义。其他 M 指令的代码都输出到 PLC，由 PLC 程序定义指令功能，请参照机床厂家的说明书。

一个程序段中只能有一个 M 指令，当程序段中出现两个或两个以上的 M 指令时，CNC 出现报警。

控制程序执行的流程 M 指令一览表见表 5-4。

表 5-4　　　　　　　　　　控制程序执行的流程 M 指令一览表

指令	功能
M02	程序运行结束
M30	程序运行结束
M98	子程序调用
M99	从子程序返回：若 M99 用于主程序结束（即当前程序并非由其他程序调用），程序反复执行
M9000～M9999	调用宏程序（程序号大于 9000 的程序）

（1）程序运行结束 M02

指令格式：M02 或 M2。

指令功能：在自动方式下，执行 M02 指令，当前程序段的其它指令执行完成后，自动运行结束，光标停留在 M02 指令所在的程序段，不返回程序开头。若要再次执行程序，

必须让光标返回程序开头。

除上述 NC 处理的功能外，M02 指令的功能也可由 PLC 梯形图定义。标准 PLC 梯形图定义的功能为：执行 M02 指令后，CNC 当前的输出状态保持不变。

（2）程序运行结束 M30

指令格式：M30。

指令功能：在自动方式下，执行 M30 指令，当前程序段的其它指令执行完成后，自动运行结束，加工件数加 1，取消刀尖半径补偿，光标返回程序开头（是否返回程序开头由参数决定）。

当 CNC 状态参数 NO.005 的 BIT4 设为 0 时，光标不回到程序开头；当 CNC 状态参数 NO.005 的 BIT4 设为 1 时，程序执行完毕，光标立即回到程序开头。

除上述 NC 处理的功能外，M30 指令的功能也可由 PLC 梯形图定义。标准 PLC 梯形图定义的功能为：执行 M30 指令后，关闭 M03 或 M04、M08 信号输出，同时输出 M05 信号。

（3）程序停止 M00

指令格式：M00 或 M0。

指令功能：执行 M00 指令后，程序运行停止，显示"暂停"字样，按循环启动键后，程序继续运行。

（4）主轴正转、反转停止控制 M03、M04、M05

指令格式：M03 或 M3；M04 或 M4；M05 或 M5。

指令功能：M03 表示主轴正转；M04 表示主轴反转；M05 表示主轴停止。

（5）冷却泵控制 M08、M09

指令格式：M08 或 M8；M09 或 M9。

指令功能：M08 表示冷却泵开；M09 表示冷却泵关。

2．主轴功能

S 指令用于控制主轴的转速，GSK980TD 控制主轴转速的方式有两种：

● 主轴转速开关量控制方式：S□□（2 位数指令值）指令由 PLC 处理，PLC 输出开关量信号到机床，实现主轴转速的有级变化。

● 主轴转速模拟电压控制方式：S□□□□（4 位数指令值）指定主轴实际转速，NC 输出 0～10V 模拟电压信号给主轴伺服装置或变频器，实现主轴转速无级调速。

（1）主轴转速开关量控制

当状态参数 NO.001 的 BIT4 设为 0 时主轴转速为开关量控制。一个程序段只能有一个 S 指令，当程序段中出现两个或两个以上的 S 指令时，CNC 出现报警。

S 指令与执行移动功能的指令字共段时，执行的先后顺序由 PLC 程序定义。

主轴转速开关量控制时，GSK980TD 车床 CNC 用于机床控制，S 指令执行的时序和逻辑应以机床生产厂家说明为准。以下所述为 GSK980TD 标准 PLC 定义的 S 指令，仅供参考。

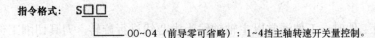

指令格式：　S□□

00~04（前导零可省略）：1~4挡主轴转速开关量控制。

　　主轴转速开关量控制方式下，S 指令的代码信号送 PLC 后返回 FIN 信号（会根据延迟数据参数 No.081 设置的时间延迟），此时间称为 S 代码的执行时间。

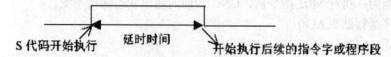

　　CNC 复位时，S01、S02、S03、S04 输出状态不变。

　　CNC 上电时，S1～S4 输出无效。执行 S01、S02、S03、S04 中任意一个指令，对应的 S 信号输出有效并保持，同时取消其余 3 个 S 信号的输出。执行 S00 指令时，取消 S1～S4 的输出，S1～S4 同一时刻仅一个有效。

　　（2）主轴转速模拟电压控制

　　当状态参数 NO.001 的 BIT4 设为 1 时主轴转速为模拟电压控制。

　　指令格式：S 0000；

　　0000～9999（前导 0 可以省略）：主轴转速模拟电压控制 。

　　指令功能：设定主轴的转速，CNC 输出 0～10V 模拟电压控制主轴伺服或变频器，实现主轴的无级变速，S 指令值掉电不记忆，上电时置 0。

　　主轴转速模拟电压控制功能有效时，主轴转速输入有 2 种方式：S 指令设定主轴的固定转速（r/min），S 指令值不改变时主轴转速恒定不变，称为恒转速控制（G97 模态）；S 指令设定刀具相对工件外圆的切线速度（m/min），称为恒线速控制（G96 模态），恒线速控制方式下，切削进给时的主轴转速随着编程轨迹 X 轴绝对坐标值的绝对值变化而变化。

　　CNC 具有四挡主轴机械挡位功能，执行 S 指令时，根据当前的主轴挡位的最高主轴转速（输出模拟电压为 10V）的设置值（对应数据参数 NO.037～NO.040）计算给定转速对应的模拟电压值，然后输出到主轴伺服或变频器，控制主轴实际转速与要求的转速一致。

　　CNC 上电时，模拟电压输出为 0V，执行 S 指令后，输出的模拟电压值保持不变（除非处于恒线速控制的，开始执行代码后续的指令字或程序段。

　　（3）恒线速控制 G96、恒转速控制 G97

　　指令格式：G96 S__；（S0000～S9999，前导零可省略）

　　指令功能：恒线速控制有效、给定切削线速度（m/min），取消恒转速控制。G96 为模态 G 指令，如果当前为 G96 模态，可以不输入 G96。

　　指令格式：G97 S__；（S0000～S9999，前导零可省略）

　　指令功能：取消恒线速控制、恒转速控制有效，给定主轴转速（r/min）。G97 为模态 G 指令，如果当前为 G97 模态，可以不输入 G97。

　　指令格式：G50 S__；（S0000～S9999，前导零可省略）

　　指令功能：设置恒线速控制时的主轴最高转速限制值（r/min），并把当前位置作为程序零点。

　　G96、G97 为同组的模态指令字，只能一个有效。G97 为初态指令字，CNC 上电时默认 G97 有效。

　　车床车削工件时，工件通常以主轴轴线为中心线进行旋转，刀具切削工件的切削点可

以看成围绕主轴轴线作圆周运动，圆周切线方向的瞬时速率称为切削线速度（通常简称线速度）。不同材料的工件、不同材料的刀具要求的线速度不同。

主轴转速模拟电压控制功能有效时，恒线速控制功能才有效。在恒线速控制时，主轴转速随着编程轨迹（忽略刀具长度补偿）的 X 轴绝对坐标值的绝对值的变化，X 轴绝对坐标值的绝对值增大，主轴转速降低，X 轴绝对坐标值的绝对值减小，主轴转速提高，使得切削线速度保持为 S 指令值。使用恒线速控制功能切削工件，可以使得直径变化的工件表面粗糙度保持一致。

线速度＝主轴转速$|X|\pi/1000$（m/min）

主轴转速的单位为 r/min

$|X|$是指 X 轴绝对坐标值的绝对值（直径值），mm

恒线速控制时，只在切削进给（插补）过程中随着编程轨迹 X 轴绝对坐标值的变化改变主轴转速，对于 G00 快速移动，由于不进行实际切削，G00 执行过程中主轴转速保持不变，此时的主轴转速按程序段终点位置的线速度计算。

恒线速控制时，工件坐标系的 Z 坐标轴必须与主轴轴线（工件旋转轴）重合，否则，实际线速度将与给定的线速度不一致。

恒线速控制有效时，G50 S＿＿可限制主轴最高转速（r/min），当按线速度和 X 轴坐标值计算的主轴转速高于 G50 S＿＿设置的这个限制主轴最高转速限制值时，实际主轴转速为主轴最高转速限制值。CNC 上电时，主轴最高转速限制值未设定、主轴最高转速限制功能无效。G50 S＿＿定义的最高转速限制值在重新指定前是保持的，最高转速限制功能在 G96 状态下有效，在 G97 状态下 G50 S＿＿设置的主轴最高转速不起限制作用，但主轴最高转速限制值仍然保持。

需要特别注意：如果执行 G50 S0；恒线速控制时主轴转速将被限制在 0r/min（主轴不会旋转）；执行 G50 S 在设置恒线速控制的最高转速限制值的同时把当前位置设为程序零点，执行回程序零点时回到当前位置。

CNC 参数 NO.043 为恒线速控制时的主轴转速下限，当按线速度和 X 轴坐标值计算的主轴转速低于这个值时，实际主轴转速限制为主轴转速下限。

示例：加工零件的示例如图 5-11 所示。

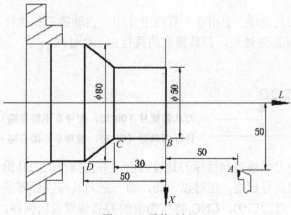

图 5-11　零件示例

	O0001；	程序名
N0010	M3 G96 S300；	主轴正转、恒线速控制有效、线速度为300m/min
N0020	G0 X100 Z100；	快速移动至 A 点，移动过程中主轴转速为955r/min
N0030	G0 X50 Z0；	快速移动至 B 点，移动过程中主轴转速为1910r/min
N0040	G1 W-30 F200；	从 B 点切削至 C 点，切削中主轴转速恒为1910r/min
N0050	X80 W-20 F150；	从 C 点切削至 D 点，主轴转速从1910转/分线性变化为1194r/min
N0060	G0 X100 Z100；	快速退回 A 点，移动过程中主轴转速为955r/min
N0110	M30；	程序结束，关主轴、关切削液
N0120		%

注1：在 G96 状态中，被指令的 S 值，即使在 G97 状态中也保持着。当返回到 G96 状态时，其值恢复。例如：

G96 S50；（切削线速度 50m/min）

G97 S1000；（主轴转速 1000r/min

G96 X3000；（切削线速度 50m/min）

注2：机床锁住（执行 X、Z 轴运动指令时 X、Z 轴不移动）时，恒线速控制功能仍然有效。

注3：螺纹切削时，恒线速控制功能虽然也能有效，但为了保证螺纹加工精度，螺纹切削时不要采用恒线速控制，应在 G97 状态下进行螺纹切削。

注4：从 G96 状态变为 G97 状态时，G97 程序段如果没有指令 S 指令（转/分），那么 G96 状态的最后转速作为 G97 状态的 S 指令使用，即此时主轴转速不变。

注5：恒线速控制时，当由切削线速度计算出的主轴转速高于当前主轴挡位的最高转速（CNC 参数 NO.037～NO.040）时，此时的主轴转速限制为当前主轴挡位的最高转速。

（4）主轴倍率

在主轴转速模拟电压控制方式有效时，主轴的实际转速可以用主轴倍率进行修调，进行主轴倍率修调后的实际转速受主轴当前挡位最高转速的限制，在恒线速控制方式下还受最低主轴转速限制值和最高主轴转速限制值的限制。

NC 提供 8 级主轴倍率（50%～120%，每级变化 10%），主轴倍率实际的级数、修调方法等由 PLC 梯形图定义，使用时应以机床生产厂家说明为准。

GSK980TD 标准 PLC 梯形图定义的主轴倍率共有 8 级，主轴的实际转速可以用主轴倍率修调键在 50%～120%指令转速范围内进行实时修调，主轴倍率掉电记忆。

3. 刀具功能

GSK980TD 的刀具功能（T 指令）有两个作用：自动换刀和执行刀具偏置。自动换刀的控制逻辑由 PLC 梯形图处理，刀具偏置的执行由 NC 处理。

指令格式：

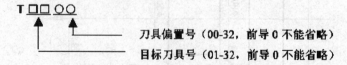

指令功能：自动刀架换刀到目标刀具号刀位，并按指令的刀具偏置号执行刀具偏置。刀具偏置号可以和刀具号相同，也可以不同，即一把刀具可以对应多个偏置号。在执行了刀具偏置后，再执行 T□□00，CNC 将按当前的刀具偏置反向偏移，CNC 由已执行刀具偏置状态改变为未补偿状态，这个过程称为取消刀具偏置。上电时，T 指令显示的刀具号、

刀具偏置号均为掉电前的状态。

在一个程序段中只能有一个 T 指令，在程序段中出现两个或两个以上的 T 指令时，CNC 产生报警。

在加工前通过对刀操作获得每一把刀具的位置偏置数据（称为刀具偏置或刀偏），程序运行中执行 T 指令后，自动执行刀具偏置。这样，在编辑程序时每把刀具按零件图样尺寸来编写，可不用考虑每把刀具相互间在机床坐标系的位置关系。如因刀具磨损导致加工尺寸出现偏差，可根据尺寸偏差修改刀具偏置，如图 5-12 所示。

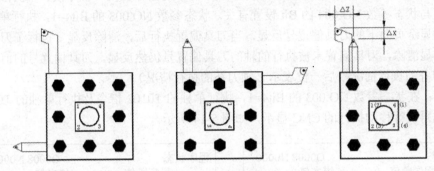

图 5-12　刀具偏置

刀具偏置是对编程轨迹而言的，T 指令中刀具偏置号对应的偏置，在每个程序段的终点被加上或减去补偿量。X 轴刀具偏置使用直径值还是半径值表示由状态参数 NO.004 的 Bit4 位设定。X 轴的刀具偏置值使用直径值/半径值表示的意义是指当刀具长度补偿值改变时，工件外径以直径值/半径值变化。

示例：状态参数 NO.004 的 Bit4 位为 0 时，若 X 轴的刀具长度补偿值改变 10mm，则工件外径的直径值改变 10mm；状态参数 NO.004 的 Bit4 位为 1 时，若 X 轴的刀具长度补偿值改变 10mm，则工件外径的直径值改变 20mm。

图 5-13 所示为移动方式执行刀具偏置时建立、执行及取消的过程。

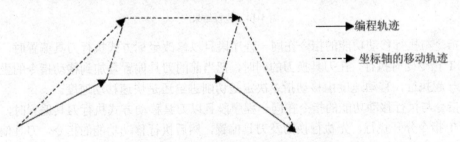

图 5-13　刀具长度补偿建立、执行及取消

G01 X100 Z100 T0101；（程序段 1，开始执行刀具偏置）

G01 W150；（程序段 2，刀具偏置状态）

G01 U150 W100 T0100；（程序段 3，取消刀具偏置）

执行刀具偏置的方式有两种，由状态参数 NO.003 的 Bit4 位设定。

当 Bit4＝0 时，以刀具移动方式执行刀具偏置。

当 Bit4＝1 时，以修改坐标方式执行刀具偏置。

示例如下。

刀具偏置号	X	Z
00	0.000	0.000
01	0.000	0.000
02	12.000	-23.000
03	24.560	13.452

在录入和自动方式下，单独的 T 指令字（不与移动指令在同一程序段），执行刀具偏置的过程与状态参数 NO.004 的 Bit 设置有关。状态参数 NO.003 的 Bit4=1，执行单独的 T 指令时，显示页面下的刀具偏置号反显，当刀具偏置执行后，清除反显（执行了刀具偏置的轴的反显清除，刀具偏置未被执行的轴的刀具偏置号仍然反显，刀具偏置号的前一位表示 X 轴刀补的执行情况，后一位表示 Z 轴刀补的执行情况）。

示例：在状态参数 NO.003 的 Bit4=1，执行单独的 T0102 指令及执行单独的 T0102 指令后 Z 轴再执行移动执行的 CNC 显示，如图 5-14 所示。

```
程序状态                    O0008 N0000
    程序段值          模态值
    X                          F      10
    Z            G00    M      05
    U            G97    S      0000
    W            G98    T      0102
    R
    F
    M            G21
    S            G40    SRPM   0099
    T                   SSPM   0000
    P                   SMAX   9999
    Q                   SMIN   0000

                          S 0000 T0102
                录入方式
```
执行单独的 T0102 指令
两轴刀具偏置均未执行

```
程序状态                    O0008 N0000
    程序段值          模态值
    X                          F      10
    Z            G00    M      05
    U            G97    S      0000
    W            G98    T      0102
    R
    F
    M            G21
    S            G40    SRPM   0099
    T                   SSPM   0000
    P                   SMAX   9999
    Q                   SMIN   0000

                          S 0000 T0102
                录入方式
```
执行单独的 T0102 指令后再执行 W0
X 轴刀具偏置未执行，Z 轴已执行

图 5-14　执行结果

T 指令与执行移动功能的指令在同一程序段且以修改坐标方式执行刀具偏置时，移动指令和 T 指令同时执行，在刀具换刀的同时，把当前的刀具偏置叠加到移动指令的坐标移动值里一起执行，移动速度由移动指令决定是切削进给还是快速移动速度。

T 指令与执行移动功能的指令在同一程序段且以刀具移动方式执行刀具偏置时，移动指令和 T 指令分开执行，先执行换刀及刀具偏置，然后执行移动功能的指令，刀具偏置执行的速度是当前的快速移动速度。

执行了下列任意一种操作后，将取消刀具偏置。

（1）执行了 T□□00 指令。

（2）执行了 G28 指令或手动回机械零点（只取消已回机械零点的坐标轴的刀具偏置，未回机械零点的另一坐标轴不取消刀偏）。

当数据参数 NO.084（总刀位数选择）设置不为 1（2～32），且目标刀具号与当前显示刀具号不等时，指令 T 指令后，刀架的控制时序和逻辑由 PLC 梯形图决定，使用时应

以机床生产厂家说明为准。

使用排刀架（未安装自动刀架）时，数据参数 NO.084（总刀位数选择）应设置为 1，不同的刀具号是通过执行不同的刀具偏置来实现的，如 T0101、T0102、T0103。

4．进给功能

切削进给（G98/G99、F 指令）

指令格式：G98 F__；（F0001～F8000，前导零可省略，给定进给速度，mm/min）

指令功能：以 mm/min 为单位给定切削进给速度，G98 为模态 G 指令。如果当前为 G98 模态，可以不输入 G98。

指令格式：G99 F__；（F0.0001～F500，前导零可省略）

指令功能：以 mm/r 为单位给定切削进给速度，G99 为模态 G 指令。如果当前为 G99 模态，可以不输入 G99。CNC 执行 G99 F__时，把 F 指令值（mm/r）与当前主轴转速（r/min）的乘积作为指令进给速度控制实际的切削进给速度，主轴转速变化时，实际的切削进给速度随着改变。使用 G99 F__给定主轴每转的切削进给量，可以在工件表面形成均匀的切削纹路。在 G99 模态进行加工，机床必须安装主轴编码器。

G98、G99 为同组的模态 G 指令，只能一个有效。G98 为初态 G 指令，CNC 上电时默认 G98 有效。

每转进给量与每分钟进给量的换算公式如下。

$$F_m = F_r S$$

式中　F_m——每分钟的进给量（mm/min）；

　　　F_r——每转进给量（mm/r）；

　　　S——主轴转速（r/min）。

CNC 上电时，进给速度为 CNC 状态参数 NO.030 设定的值，执行 F 指令后，F 值保持不变。执行 F0 后，进给速度为 0。CNC 复位、急停时，F 值保持不变。

注：在 G99 模态，当主轴转速低于 1r/min 时，切削进给速度会出现不均匀的现象；主轴转速出现波动时，实际的切削进给速度会存在跟随误差。为了保证加工质量，建议加工时选择的主轴转速不能低于主轴伺服或变频器输出有效力矩的最低转速。

切削进给：CNC 同时控制 X 轴和 Z 轴两个方向的运动，使刀具的运动轨迹与指令定义的轨迹（直线、圆弧）一致，而且运动轨迹的切线方向上的瞬时速度与 F 指令值一致，这种运动控制过程称为切削进给或插补。其运算公式如下。切削进给的速度由 F 指令字指定，CNC 在执行插补指令（切削进给）时，根据编程轨迹把 F 指令给定的切削进给速度分解到 X 轴和 Z 轴两个方向上，CNC 同时控制 X 轴方向和 Z 轴方向的瞬时速度，使得两方向速度的矢量合成速度等于 F 指令值。

$$f_x = \frac{d_x}{\sqrt{d_x^2 + d_z^2}} \cdot F$$

$$f_z = \frac{d_z}{\sqrt{d_x^2 + d_z^2}} \cdot F$$

F 为 X 轴方向和 Z 轴方向的瞬时速度的矢量合成速度；

d_x 为 X 轴的瞬时增量，f_x 为 X 轴的瞬时速度，X 轴的速度是指半径上的速度。

d_z 为 Z 轴的瞬时增量，f_z 为 Z 轴的瞬时速度。

示例：如图 5-15 所示，括号内为各点的坐标值（X 轴为直径值），CNC 数据参数 NO.022 为 3800，CNC 数据参数 NO.023 为 7600，快速倍率、进给倍率均为 100%。

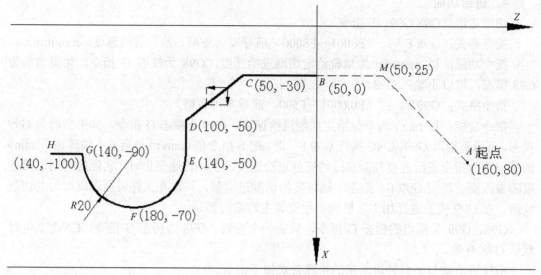

图 5-15 示例用图

程序编制如下。

G50 X160 Z80；（建立工件坐标系）

G0 G98 X50 Z0；（从 A 点经 M 点快速移动至 B 点。$A{\rightarrow}M$ 中，X 轴速度为 7600mm/min，Z 轴速度为 7600mm/min，$M{\rightarrow}B$ 中，X 轴速度为 0mm/min，Z 轴速度为 7600mm/min）

G1 W-30 F100；（$B{\rightarrow}C$，整个过程中 X 轴速度为 0mm/min，Z 轴速度为 100mm/min）

X100 W-20；（$C{\rightarrow}D$，整个过程中 X 轴速度为 156mm/min，Z 轴速度为 62mm/min）

X140；（$D{\rightarrow}E$，整个过程中 X 轴速度为 200mm/min，Z 轴速度为 0mm/min）

G3 W-100 R20；（EFG 圆弧插补，E 点 X 轴速度为 200mm/min、Z 轴速度为 0mm/min；F 点 X 轴速度为 0mm/min、Z 轴速度为 100mm/min；G 点 X 轴速度为 200mm/min、Z 轴速度为 0mm/min）

W-10；（$G{\rightarrow}H$，整个过程中 X 轴速度为 0mm/min，Z 轴速度为 100mm/min）

M30；

NC 提供 16 级进给倍率（0～150%，每级 10%），实际的进给倍率级数、掉电是否记忆、修调方法等由 PLC 梯形图定义，使用时应以机床生产厂家说明为准。

使用机床面板的进给倍率键或外接倍率开关可以对切削进给速度进行实时修调，实际的切削进给速度可以在指令速度的 0～150%范围内作调整，进给倍率掉电记忆。

十、对刀操作

为了简化编程，允许在编程时不考虑刀具的实际位置，GSK980TD 提供了定点对刀、试切对刀及回机械零点对刀三种对刀方法，通过对刀操作来获得刀具偏置数据。

1. 定点对刀

定点对刀（见图 5-16）的操作步骤如下。

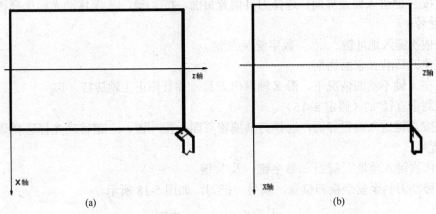

(a)   (b)

图 5-16 定点对刀

① 首先确定 X、Z 向的刀补值是否为零，如果不为零，必须把所有刀具号的刀补值清零。

② 使刀具中的偏置号为 00（如 T0100，T0300）。

③ 选择任意一把刀（一般是加工中的第一把刀，此刀将作为基准刀）。

④ 将基准刀的刀尖定位到某点（对刀点），如图 5-16（a）所示。

⑤ 在录入操作方式、程序状态页面下用 G50 X__ Z__ 指令设定工件坐标系。

⑥ 使相对坐标(U,W)的坐标值清零。

⑦ 移动刀具到安全位置后，选择另外一把刀具，并移动到对刀点，如图 5-16（b）所示。

⑧ 按▣键，按▣键、▣键移动光标选择该刀对应的刀具偏置号。

⑨ 按地址键▣，再按▣键，X 向刀具偏置值被设置到相应的偏置号中。

⑩ 按地址键▣、再按▣键，Z 向刀具偏置值被设置到相应的偏置号中。

⑪ 重复步骤 7～10，可对其他刀具进行对刀。

2. 试切对刀

试切对刀（见图 5-17）方法是否有效，取决于 CNC 参数 No.012 的 Bit5 位的设定。

试切对刀的操作步骤如下（以工件端面建立工件坐标系）。

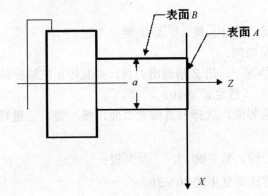

图 5-17 试切对刀

① 选择任意一把刀，使刀具沿 *A* 表面切削。

② 在 *Z* 轴不动的情况下沿 *X* 轴退出刀具，并且停止主轴旋转。

③ 按⌨键进入偏置界面，选择刀具偏置页面，按⌨键、⌨键移动光标选择该刀具对应的偏置号。

④ 依次键入地址键⌨、⌨数字键及⌨键。

⑤ 使刀具沿 *B* 表面切削。

⑥ 在 *X* 轴不动的情况下，沿 *Z* 轴退出刀具，并且停止主轴旋转。

⑦ 测量直径"a"（假定 a=15）。

⑧ 按⌨键进入偏置界面，选择刀具偏置页面，按⌨键、⌨键移动光标选择该刀具对应的偏置号。

⑨ 依次键入地址⌨键⌨数字键、及⌨键。

⑩ 移动刀具至安全换刀位置，换另一把刀，如图 5-18 所示。

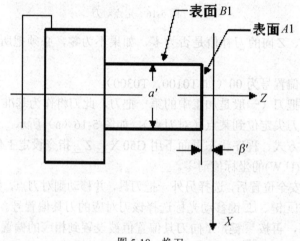

图 5-18 换刀

⑪ 使刀具沿 *A* 表面切削。

⑫ 在 *Z* 轴不动的情况下沿 X 轴退出刀具，并且停止主轴旋转。

⑬ 测量 *A* 表面与工件坐标系原点之间的距离"β'"（假定 β' =1）。

⑭ 按⌨键进入偏置界面，选择刀具偏置页面，按⌨键、⌨键移动光标选择该刀具对应的偏置号。

⑮ 依次按地址⌨键、符号⌨键、⌨数字键及⌨键。

⑯ 使刀具沿 *B* 表面切削。

⑰ 在 X 轴不动的情况下，沿 *Z* 轴退出刀具，并且停止主轴旋转。

⑱ 测量距离"a′"（假定 a′ =10）。

⑲ 按⌨键进入偏置界面，选择刀具偏置页面，按⌨键、⌨键移动光标选择该刀具对应的偏置号；

⑳ 依次键入地址⌨键、数字键⌨、⌨及⌨键；

㉑ 其他刀具对刀方法重复步骤 10～20。

注：此对刀方法的刀补值有可能很大，因此 CNC 必须设置为以坐标偏移方式执行刀补（CNC 参数 NO.003 的 Bit4 位设置为 1），并且，第一个程序段用 T 指令执行刀具长度补偿或程序的第一个移动指令程序段包含执行刀具长度补偿的 T 指令。

3. 回机械零点对刀

用此对刀方法不存在基准刀与非基准刀的问题，在刀具磨损或调整任何一把刀时，只要对此刀进行重新对刀即可。对刀前回一次机械零点。断电后上电只要回一次机械零点后即可继续加工，操作简单方便。

操作步骤如下（以工件端面建立工件坐标系，如图 5-19 所示）。

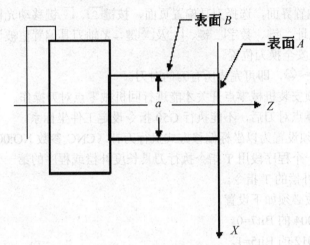

图 5-19　回机械零点对刀

① 按键进入机械回零操作方式，使两轴回机械零点。

② 选择任意一把刀，使刀具中的偏置号为 00（如 T0100，T0300）。

③ 使刀具沿 A 表面切削。

④ 在 Z 轴不动的情况下，沿 X 退出刀具，并且停止主轴旋转。

⑤ 按进入偏置界面，选择刀具偏置页面，按键、键移动光标选择某一偏置号。

⑥ 依次按地址键、数字键及键，Z 轴偏置值被设定。

⑦ 使刀具沿 B 表面切削。

⑧ 在 X 轴不动的情况下，沿 Z 退出刀具，并且停止主轴旋转。

⑨ 测量距离"a"（假定 $a = 15$）。

⑩ 按进入偏置界面，选择刀具偏置页面，按键、键移动光标选择偏置号。

⑪ 依次键入地址键、数字键、及键，X 轴刀具偏置值被设定。

⑫ 移动刀具至安全换刀位置。

⑬ 换另一把刀，使刀具中的偏置号为 00（如 T0100、T0300）。

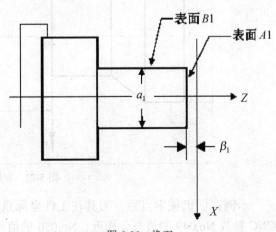

图 5-20　换刀

⑭ 使刀具沿 $A1$ 表面切削，如图 5-20 所示。

⑮ 在 Z 轴不动的情况下沿 X 轴退出刀具，并且停止主轴旋转；测量 $A1$ 表面与工件坐标系原点之间的距离"$\beta1$"（假定 $\beta1=1$）。

⑯ 按🔲进入偏置界面，选择刀具偏置页面，按键🔲、🔲键移动光标选择某一偏置号。

⑰ 依次按地址🔲键、符号键🔲、数字🔲键🔲键，Z 轴刀具偏置值被设定。

⑱ 使刀具沿 $B1$ 表面切削。

⑲ 在 X 轴不动的情况下，沿 Z 退出刀具，并且停止主轴旋转。

⑳ 测量距离"$a1$"（假定 $a1=10$）。

㉑ 按🔲进入偏置界面，选择刀具偏置页面，按键🔲、🔲键移动光标选择偏置号。

㉒ 依次键入地址🔲键、数字🔲键、🔲及🔲键，X 轴刀具偏置值被设定。

㉓ 移动刀具至安全换刀位置。

㉔ 重复步骤⑮～㉓，即可完成所有刀的对刀。

注 1：机床必须安装机械零点开关才能进行回机械零点对刀操作。

注 2：回机械零点对刀后，不能执行 G50 指令设定工件坐标系。

注 3：CNC 必须设置为以坐标偏移方式执行刀补（CNC 参数 NO.003 的 BIT4 位设置为 1），而且，第一个程序段用 T 指令执行刀具长度补偿或程序的第一个移动指令程序段包含执行刀具长度补偿的 T 指令。

注 4：相应参数必须如下设置。

CNC 参数 No.004 的 Bit7=0。

CNC 参数 No.012 的 Bit5=1。

CNC 参数 No.012 的 Bit7=1。

注 5：CNC 参数 No.049、No.050 的设置值应与机械零点在工件坐标系 $X0Z$ 中的绝对坐标值相近，如图 5-21 所示。

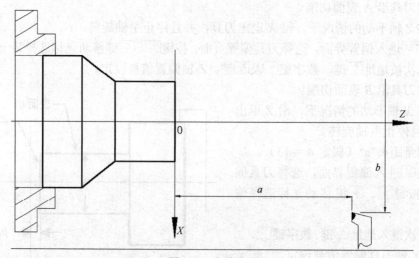

图 5-21　参数设置

示例：回机械零点后，刀具在工件坐标系中的绝对坐标为 $(a，b)$，则应分别设置 CNC 参数 No.049 的值与 a 相近、No.050 的值与 b 相近。

4．刀具偏置值的修改

按⬚键进入偏置界面，通过键⬚、键⬚分别显示 No.000～No.032 偏置号，如图 5-22
所示。

```
刀具偏置                        O0008 N0000
  序号        X          Z          R       T
 _000      0.000      0.000      0.000      0
  001    -90.720   -116.424     0.000      0
  002      0.000      0.000      0.000      0
  003      0.000      0.000      0.000      0
  004      0.000      0.000      0.000      0
  005      0.000      0.000      0.000      0
  006      0.000      0.000      0.000      0
  007      0.000      0.000      0.000      0
相对坐标
    U      0.000              W   0.000
序号  000                     S 0000 T0100
                    录入方式
```

图 5-22 刀具偏置

（1）绝对值输入

① 按⬚键进入刀具偏置页面，按键⬚、键⬚选择需要的页。

② 移动光标至要输入的刀具偏置号的位置。

扫描法：按键⬚、键⬚顺次移动光标。

检索法：用下述按键顺序可直接将光标移动至键入的位置。

⬚+偏置号+⬚。

③ 按地址⬚键或⬚后，输入数字（可以输入小数点）。

④ 按键⬚后，CNC 自动计算刀具偏置量，并在页面上显示。

（2）增量值输入

① 按本章 7.4.1 节所述的方法将光标移到要变更的刀具偏置号的位置。

② 如要改变 X 轴的刀具偏置值，键入 U；对于 Z 轴，键入 W。

③ 键入增量值。

④ 按⬚，把现在的刀具偏置值与键入的增量值相加，其结果作为新的刀具偏置值显
示出来。

示例：已设定的 X 轴的刀具偏置值为 5.678mm。

用键盘输入增量 U1.5。

则新设定的 X 轴的刀具偏置值为 7.178(=5.678+1.5)mm。

（3）刀具偏置值清零

把光标移到要清零的补偿号的位置。

方法一：

如果要把 X 轴的刀具偏置值清零，则按键⬚，再按键⬚，X 轴的刀具偏置值被清零。

如果要把 Z 轴的刀具偏置值清零，则按键⬚，再按键⬚，Z 轴的刀具偏置值被清零。

方法二：

如果 X 向当前刀具偏置值为 a，输入 U-a、再按键🔲，则 X 轴的刀具偏置值为零。

如果 Z 向当前刀具偏置值为 β，输入 W-β、再按键🔲，则 Z 轴的刀具偏置值为零。

📖 任务实施

一、任务实施内容及步骤

（一）布置任务，学生分组

根据项目任务的要求，布置各小组的具体任务，并根据设备数量将学生分成若干小组。

（二）小组具体实施步骤

1. 利用数控仿真系统先进行仿真操作

（1）安装外圆车刀、切刀

注意车刀的悬伸长度及中心高。

（2）安装工件

注意牢、紧、正的要求。

（3）对 90°车刀、车槽刀、螺纹刀进行对刀操作

① 开机。

② 回零。

③ 进入程序录入界面。

④ 录入"M03"、"输入"、"S500"、"输入"、"循环启动"，让主轴正转。

⑤ 选择手轮方式，使 1 号刀处于加工位置。

⑥ 用手轮移动坐标轴车平工件端面。

⑦ 沿 X 向退刀。

⑧ 进入程序录入界面，录入"G50""输入""Z0""输入""循环启动"。

⑨ 进入刀补界面，翻页并移动光标至 101，录入"Z0""输入"。

⑩ 选择手轮方式，用手轮移动坐标轴车光工件外圆（车至可以测量的长度）。

⑪ 沿 Z 向退刀（退至便于测量的地方），按下主轴停转键，并测量所车外圆直径 D。

⑫ 进入程序录入界面，录入"G50""输入""XD""输入""循环启动"。

⑬ 进入刀补界面，翻页并移动光标至 101，录入"XD""输入"。

⑭ 选择手轮方式，更换 2 号刀（注意移至安全位置），按下主轴正转键。

⑮ 用手轮移动坐标轴轻碰工件端面。

⑯ 沿 X 向退刀。

⑰ 在刀补界面，翻页并移动光标至 102，录入（注意选择录入方式）"Z0""输入"。

⑱ 再次选择手轮方式，用手轮移动坐标轴再车工件外圆（车至可以测量的长度）。

⑲ 沿 Z 向退刀（退至便于测量的地方），按下主轴停转键，并测量所车外圆直径 D。

⑳ 在刀补界面，翻页并移动光标至 102，录入（注意选择录入方式）"XD""输入"。

㉑ 重复⑭～⑳的过程，完成 3 号刀的对刀，以此类推完成其他刀的对刀。

（4）修改刀补值

① X 向的修改。

a. 若 1 号刀加工出的外圆直径大了 δ 或内孔直径小了 δ，则进入刀补界面，录入方式，翻至 001，录入"U−δ""输入"；若 2 号刀加工出的外圆或内孔直径大了 δ，则翻至 002，录入"U−δ"、"输入"，依此类推。

b. 若 1 号刀加工出的外圆直径小了或内孔直径大了 δ，则进入刀补界面，录入方式，翻至 001，录入"Uδ""输入"；若 2 号刀加工出的外圆直径小了 δ，则翻至 002，录入"Uδ""输入"，依此类推。

② Z 向的修改。

a. 若 1 号刀加工出的台阶长了 δ，则进入刀补界面，录入方式，翻至 001，录入"Wδ""输入"；若 2 号刀加工出的台阶长了 δ，则翻至 002，录入"Wδ""输入"，依此类推。

b. 若 1 号刀加工出的台阶短了 δ，则进入刀补界面，录入方式，翻至 001，录入"W−δ"、"输入"；若 2 号刀加工出的台阶长了 δ，则翻至 002，录入"W−δ""输入"，依此类推。

（5）编程原点的设置

当各把车刀都已对好，此时工件装夹的悬伸长度发生了变化，则需要重新设置编程原点。步骤如下。

① 在手轮或手动方式下，选择 1 号刀处于加工位置。

② 主轴正转，移动坐标轴，让 1 号刀轻碰工件端面。

③ 沿 X 向退刀。

④ 进入程序录入界面，录入"G50""输入""Z0""输入""循环启动"。

（6）利用 MDI 模式加工阶梯轴

2. 教师检测学生仿真情况集中进行讲评

3. 学生在实际机床上按上述操作重复一次

（三）小组小结任务实施情况

各小组经讨论后，选出一名代表小结任务实施情况并展示本组制定的工艺卡。

（四）完成工作任务书

组员单独完成，组内交互检查，交教师评阅。

（五）评价反馈与考核

教师组织学生进行自评、互评与单独抽查考核，作为学生考核成绩。并对学生存在的普遍问题进行强化。

二、注意事项

① 操作数控车床时应确保安全，包括人身和设备的安全。

② 禁止多人同时操作机床。

③ 禁止让机床在同一方向连续"超程"。

④ 工件、刀具要夹紧、夹牢。

⑤ 选择换刀时，要注意安全位置。

 考核与评价

项目五：数控车削编程基础——考核评价标准

序号	作业项目	考核内容	配分	评分标准	评分记录	扣分	得分
1	程序编制的基本知识	口述有关编程知识	20	1．能正确回答有关编程的基础知识为满分 2．抽测一个概念不正确扣3分			
2	对刀操作	在机床上进行对刀操作	30	1．正确操作机床进行对刀操作并能理解坐标概念为满分 2．对刀操作错误一项扣5分 3．不能正确对刀本项为0分			
3	典型零件的加工	加工柱塞零件	30	1．能熟练操作仿真软件各机床进行柱塞加工为满分 2．一个不会操作扣5分 3．不能加工零件本项不得分			
4	安全文明生产	遵守安全操作规程，操作现场整洁	20	每项扣5分，扣完为止			
		安全用电，防火，无人身、设备事故		因违规操作发生重大人身和设备事故，此题按0分计			
5	分数合计		100				

 学习任务书

项目任务书——数控车削编程基础

编号：XM-05

专　业		班　级			
姓　名		学　号		组　别	
实训时间		指导教师		成　绩	

一、练习题

1．M03、M05、M30、M00、S600、F20、T0100、T0101 各是什么含义？

2．程序原点与机床坐标原点有什么区别？

3．什么是模态指令，什么是非模态指令，有何区别？

二、思考题

1．简述数控车床的对刀步骤。

2．若 2 号刀加工出的工件直径大了 0.05mm，台阶长度短了 0.1mm，应怎样修改刀补值以达到正确的加工要求？

3．若加工需要掉头装夹的工件，在一次性对好车刀以后，应怎样加工掉头装夹后的各表面？

三、实训小结

四、教师评定

教师签名：

日期：　　年　　月　　日

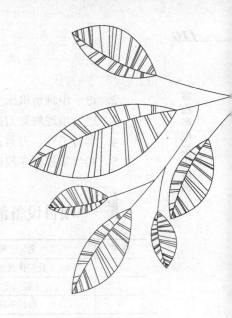

项目六

外圆、端面及台阶加工

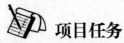 **项目任务**

加工一根阶梯轴，零件图如图 6-1 所示。

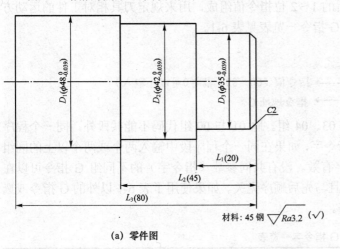

(a) 零件图

(b) 立体图

材料: 45 钢 $\sqrt{Ra3.2}$ ($\sqrt{}$)

图 6-1　阶梯轴

 教学目标

1. 掌握 G00、G01 指令的应用。

2．进一步理解机床坐标系、工件坐标系、机床参考点等概念。

3．进一步理解对刀操作。

4．学习工件、刀具设置、程序输入编辑与自动加工。

5．初步掌握程序校验的方法与步骤。

 项目设备清单

序号	名 称	规 格	数量	备 注
1	数控仿真系统	980T 系列	35	
2	多媒体电脑	P4 以上配置	35	
3	数控车床	400mm×1000 mm	8	GSK980TD
4	卡盘扳手	与车床配套	8	
5	刀架扳手	与车床配套	8	
6	车刀	90° 外圆	8	
7	材料	ϕ50mm×130mm	35	45 钢
8	油壶、毛刷及清洁棉纱		若干	

 项目相关知识学习

一、G 指令概述

G 指令由指令地址 G 和其后的 1～2 位指令值组成，用来规定刀具相对工件的运动方式、进行坐标设定等多种操作，G 指令一览表见表 6-1。

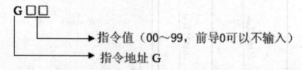

G 指令字分为 00、01、02、03、04 组。除 01 与 00 组代码不能共段外，同一个程序段中可以输入几个不同组的 G 指令字，如果在同一个程序段中输入两个或两个以上的同组 G 指令字时，最后一个 G 指令字有效。没有共同参数（指令字）的不同组 G 指令可以在同一程序段中，功能同时有效并且与先后顺序无关。如果使用了表 6-1 以外的 G 指令或选配功能的 G 指令，系统出现报警。

表 6-1 G 指令字一览表

指令字	组别	功能	备注
G00	01	快速移动	初态 G 指令
G01		直线插补	模态 G 指令
G02		圆弧插补（逆时针）	
G03		圆弧插补（顺时针）	

续表

指令字	组别	功能	备注
G32	01	螺纹切削	模态 G 指令
G90		轴向切削循环	
G92		螺纹切削循环	
G94		径向切削循环	
G04	00	暂停、准停	非模态 G 指令
G28		返回机械零点	
G50		坐标系设定	
G65		宏指令	
G70		精加工循环	
G71		轴向粗车循环	
G72		径向粗车循环	
G73		封闭切削循环	
G74		轴向车槽切重循环	
G75		径向车槽切重循环	
G76		多重螺纹切削循环	
G96	02	恒线速开	模态 G 指令
G97		恒线速关	初态 G 指令
G98	03	每分进给	初态 G 指令
G99		每转进给	模态 G 指令
G40	04	取消刀尖半径补偿	初态 G 指令
G41		刀尖半径左补偿	模态 G 指令
G42		刀尖半径右补偿	

G 指令分为 00、01、02、03、04 组。其中 00 组 G 指令为非模态 G 指令，其他组 G 指令为模态 G 指令,G00、G97、G98、G40 为初态 G 指令。

G 指令执行后，其定义的功能或状态保持有效，直到被同组的其他 G 指令改变，这种 G 指令称为模态 **G** 指令。模态 G 指令执行后，其定义的功能或状态被改变前，后续的程序段执行该 G 指令字时，可不需要再次输入该 G 指令。

G 指令执行后，其定义的功能或状态一次性有效，每次执行该 G 指令时，必须重新输入该 G 指令字，这种 G 指令称为非模态 G 指令。

系统上电后，未经执行其功能或状态就有效的模态 G 指令称为初态 **G** 指令。上电后不输入 G 指令时，按初态 G 指令执行。

注：GSK980TD 的初态指令为 G00、G40、G97、G98。

二、快速定位 G00

指令格式：G00X（U）Z（W）；

指令功能：X 轴、Z 轴同时从起点以各自的快速移动速度移动到终点，如图 6-2 所示。

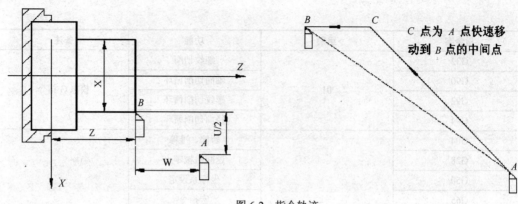

图 6-2　指令轨迹

两轴是以各自独立的速度移动，短轴先到达终点，长轴独立移动剩下的距离，其合成轨迹不一定是直线。

指令说明：G00 为初态 G 指令。

X、U、Z、W 取值范围为-9999.999～+9999.999mm。

X（U）、Z（W）可省略一个或全部，当省略一个时，表示该轴的起点和终点坐标值一致。

同时省略表示终点和始点是同一位置，X 与 U、Z 与 W 在同一程序段时 X、Z 有效，U、W 无效。

指令轨迹如图 6-2 所示。

X、Z 轴各自快速移动速度分别由系统数据参数 NO.022、NO.023 设定，实际的移动速度可通过机床面板的快速倍率键进行修调。

示例：刀具从 A 点快速移动到 B 点，如图 6-3 所示。

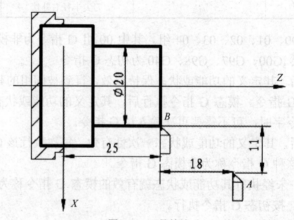

图 6-3　刀具轨迹

G00 X20 Z25；（绝对坐标编程）

G00 U-22 W-18；（相对坐标编程）

G00 X20 W-18；（混合坐标编程）

G00 U-22 Z25；（混合坐标编程）

三、直线插补 G01

指令格式：G01 X（U）_Z（W）_F_；

指令功能：运动轨迹为从起点到终点的一条直线。

指令说明：G01 为模态 G 指令。

X、U、Z、W 取值范围为-9999.999～+9999.999mm。

X（U）、Z（W）可省略一个或全部，当省略一个时，表示该轴的起点和终点坐标值一致；同时省略表示终点和始点是同一位置。

F 指令值为 X 轴方向和 Z 轴方向的瞬时速度的矢量合成速度，实际的切削进给速度为进给倍率与 F 指令值的乘积。

F 指令值执行后，此指令值一直保持，直至新的 F 指令值被执行。后述其他 G 指令使用的 F 指令字功能相同时，不再详述。

取值范围见表 6-2。

表 6-2 取值范围

指令功能	G98（mm/min）	G99（mm/r）
取值范围	1～8000	0.001～500

示例：从直径 $\varPhi40mm$ 切削到 $\varPhi60mm$ 的程序指令，如图 6-4 所示。

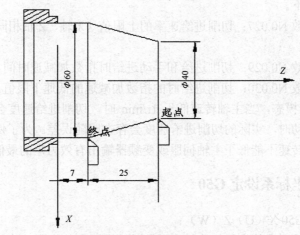

图 6-4 零件示例

程序编制如下。

G01 X60 Z7 F500；（绝对值编程）

G01 U20 W-25；（相对值编程）

G01 X60 W-25；（混合编程）

G01 U20 Z7；（混合编程）

四、每分钟进给 G98、每转进给 G99

指令格式：G98 Fxxxx；（F0001～F8000，前导零可省略，给定每分进给速度，mm/min）

指令功能：以 mm/min 为单位给定切削进给速度，G98 为模态 G 指令。如果当前为 G98 模态，可以不输入 G98。

指令格式：G99 F<u>xxxx</u>；（F0.0001～F500，前导零可省略）

指令功能：以 mm/r 为单位给定切削进给速度，G99 为模态 G 指令。如果当前为 G99 模态，可以不输入 G99。系统执行 G99 F<u>xxxx</u> 时，把 F 指令值（mm/r）与当前主轴转速（r/min）的乘积作为指令进给速度控制实际的切削进给速度，主轴转速变化时，实际的切削进给速度随着改变。使用 G99 F<u>xxxx</u> 给定主轴每转的切削进给量，可以在工件表面形成均匀的切削纹路。在 G99 模态进行加工，机床必须安装主轴编码器。

G98、G99 为同组的模态 G 指令，同一时刻仅能一个有效。G98 为初态 G 指令，系统上电时默认 G98 有效。

每转进给量与每分钟进给量的换算公式如下。

$$F_m = F_r S$$

式中　F_m——每分钟的进给量（mm/min）；

　　　F_r——每转进给量（mm/r）；

　　　S——主轴转速（r/min）。

系统上电时，进给速度为系统数据参数 NO.030 设定的值，执行 F 指令后，F 值保持不变。执行 F0 后，进给速度为 0。系统复位、急停时，F 值保持不变。进给倍率掉电记忆。

相关参数如下。

系统数据参数 N0.027：切削进给速率的上限值（X 轴、Z 轴相同，对于 X 轴为直径变化量/min）。

系统数据参数 N0.029：切削进给和手动进给时指数加减速时间常数。

系统数据参数 N0.030：切削进给时的指数加减速的低速下限值。

注：在 G99 模态，当主轴转速低于 1r/min 时，切削进给速度会出现不均匀的现象；主轴转速出现波动时，实际的切削进给速度会存在跟随误差。为了保证加工质量，建议加工时选择的主轴转速不能低于主轴伺服或变频器输出有效力矩的最低转速。

五、工件坐标系设定 G50

指令格式：G50 X（U）Z（W）；

指令功能：设置当前位置的绝对坐标，通过设置当前位置的绝对坐标在系统中建立工件坐标系（也称浮动坐标系）。执行本指令后，系统将当前位置作为程序零点，执行回程序零点操作时，返回这一位置。工件坐标系建立后，绝对坐标编程按这个坐标系输入坐标值，直至再次执行 G50 建立新的工件坐标系。

指令说明：G50 为非模态 G 指令。

X：当前位置新的 X 轴绝对坐标。

U：当前位置新的 X 轴绝对坐标与执行指令前的绝对坐标的差值。

Z：当前位置新的 Z 轴绝对坐标。

W：当前位置新的 Z 轴绝对坐标与执行指令前的绝对坐标的差值。

G50 指令中，X（U）、Z（W）均未输入时，不改变当前坐标值，把当前点坐标值设定为程序零点；未输入 X（U）或 Z（W），未输入的坐标轴保持原来设定的程序零点。

零件示例如图 6-5 所示。

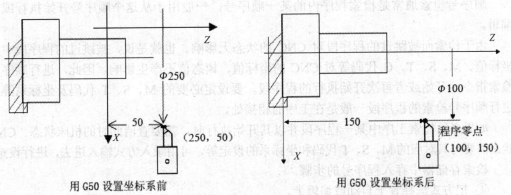

用 G50 设置坐标系前　　　　　　　　用 G50 设置坐标系后

图 6-5　零件示例

当执行指令段"G50 X100 Z150；"后，建立了如图 6-5 所示的工件坐标系，并将（X100 Z150）点设置为程序零点。

注：当状况参数 003 号的 Bit4 位为 1（以坐标偏移方式执行刀具偏置）时，当执行 T 功能指令而又未执行移动指令时，用 G50 设定坐标系，系统显示的绝对坐标值为 G50 设定的坐标值加上或减去未执行的刀补值，并把此点作为程序零点。

当前刀补状态	执行移动指令	执行 G50 X20 Z20 显示坐标值		01 号刀补值
T0100 或 T0101	G0 X_ Z_	X：20	Z：20	X：12 Z：23
	未执行移动指令	执行 G50 X20 Z20 显示坐标值		
	※※※	X：8	Z：-3	
		或		
		X：32	Z：43	

六、程序存储、编辑

1．程序存储、编辑操作前的准备

在介绍程序的存储、编辑操作之前，有必要介绍一下操作前的准备。

（1）把程序保护开关置于 ON 上。

（2）操作方式设定为编辑方式 ▨。

（3）按[程序]键后，显示程序。

2．一个数控程序

按▨键，显示程序画面；按▢键，键入要检索的程序号，如 ▢7；按 ▢键，找到后，O7 显示在屏幕右上角，NC 程序显示在屏幕上。

3．删除一个数控程序

选择编辑方式；按▨键，显示程序画面；按▢键，用键输入程序号，如 ▢7；按▨键，则对应键入程序号的存储器中程序被删除。

4．删除全部程序

选择编辑方式；按█键，显示程序画面；按键█，输入-9999 并按█键。

5．顺序号检索

顺序号检索通常是检索程序内的某一顺序号，一般用于从这个顺序号开始执行或者编辑。

由于检索而被跳过的程序段对 CNC 的状态无影响。也就是说，被跳过的程序段中的坐标值、M、S、T、G 代码等对 CNC 的坐标值、模态值不产生影响。因此，进行顺序号检索指令，开始或者再次开始执行的程序段，要设定必要的 M、S、T 代码及坐标系等。进行顺序号检索的程序段一般是在工序的相接处。

如果必须检索工序中某一程序段并以其开始执行时，需要查清此时的机床状态、CNC 状态需要与其对应的 M、S、T 代码和坐标系的设定等，可用录入方式输入进去，进行设定。

检索存储器中存入程序号的步骤。

① 把方式选择置于自动或编辑上。

② 按█键，显示程序画面。

③ 选择要检索顺序号的所在程序。

④ 按地址键 N。

⑤ 用键输入要检索的顺序号。

⑥ 按█光标键。

⑦ 检索结束时，在 LCD 画面的右上部，显示出已检索的顺序号。

注：在顺序号检索中，不执行 M98＋＋＋＋（调用的子程序），因此，在自动方式检索时，如果要检索现在选出程序中所调用的子程序内的某个顺序号，就会出现报警 P/S(No.060)。

如图6-6所示，如果要检索N8888 则会出现报警。

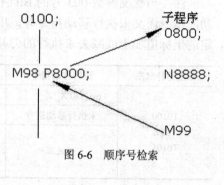

图 6-6 顺序号检索

6．字的插入、修改、删除

存入存储器中程序的内容，可以改变。

① 把方式选择为编辑方式。

② 按[程序]键，显示程序画面。

③ 选择要编辑的程序。

④ 检索要编辑的字。有以下两种方法。

a．用扫描（SACN）的方法。

b．用检索字的方法。

⑤ 进行字的修改、插入、删除等编辑操作。

注 1：字的概念和编辑单位：所谓字是由地址和跟在它后面的数据组成。对于用户宏程序，字的要领完全没有了，通称为"编辑单位"。在一次扫描中，光标显示在"编辑单位"的开头。插入的内容在"编辑单位"之后。

编辑单位的定义如下。

a．从当前地址到下个地址之前的内容。如：G65 H01 P#103 Q#105；中有 4 个编辑单位。

b. 所谓地址是指字母；（EOB）为单独一个字。

根据这个定义，字也是一个编辑单位。在下面关于编辑的说明中，字应该理解为"编辑单位"。

注 2：光标总是在某一编辑单位的下端，而编辑的操作也是在光标所指的编辑单位上进行的，在自动方式下程序的执行也是从光标所指的编辑室单位开始执行程序的。将光标移动至要编辑的位置或要执行的位置称为检索。

（1）字的检索

用扫描的方法一个字一个字地扫描。

① 按光标 ⬇ 时如图 6-7 所示。

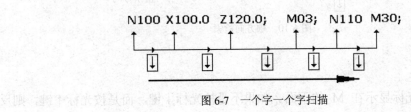

图6-7　一个字一个字扫描

此时，在画面上，光标一个字一个字地顺方向移动。也就是说，在被选择和地址下面，显示出光标。

② 按 ⬆ 光标键时如图 6-8 所示。

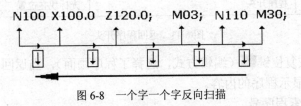

图6-8　一个字一个字反向扫描

此时，在画面上，光标一个字一个字地反方向移动。也就是说，在被选择字的地址下面，显示出光标。

③ 如果持续按 ⬇ 光标或者 ⬆ 光标，则会连续自动快速移动光标。

④ 按下翻页键 ▣ ，画面翻页，光标移至下页开头的字。

⑤ 按上翻页键 ▣ ，画面翻到前一页，光标移至开头的字。

⑥ 持续按下翻页或上翻页，则自动快速连续翻页。

检索字的方法是从光标现在位置开始，顺方向或反方向检索指定的字，如图 6-9 所示。

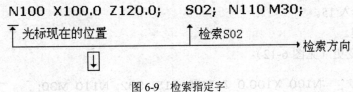

图6-9　检索指定字

① 用键输入地址 S。

② 用键输入"0"，"2"。

注 1：如果只用键输入 S1，就不能检索 S02

注 2：检索 S01 时，如果只是 S1 就不能检索，此时必须输入 S01。

③ 按 ⬇ 光标键，开始检索。

如果检索完成了，光标显示在 S02 的下面。如果不是按光标 ↓ 键，而是按光标 ↑ 键，则向反方向检索。

用地址检索的方法是从现在位置开始,顺方向检索指定的地址，如图 6-10 所示。

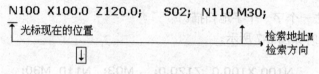

图 6-10 顺方向检索

① 按地址键 M。

② 按 ⬇ 光标键。

检索完成后，光标显示在 M 的下面。如果不是按光标 ↓ 键，而是按光标 ↑ 键，则反方向检索。

返回到程序开头的方法如下，如图 6-11 所示。

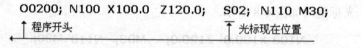

图 6-11 返回程序开头

① 方法 1。按复位键 ▊ （编辑方式，选择了程序画面），当返回到开头后，在 LCD 画面上，从头开始显示程序的内容。

② 方法 2。检索程序号。

③ 方法 3。

a. 置于自动方式或编辑方式。

b. 按 ▊ 键，显示程序画面。

c. 按地址 0；

④ 按 ⬇ 光标键。

（2）字的插入

① 检索或扫描到要插入的前一个字。

② 用键输入要插入的地址。本例中要插入 T。

③ 用键输入 15。

④ 按 ▊ 键。

（3）字的变更（见图 6-12）

N100 X100.0 Z120.0 T15; S02; N110 M30;

                                 ↑   光标现在位置
                                       要变更为 M03 时

图 6-12 字的变更

① 检索或扫描到要变更的字。

② 输入要变更的地址,本例中输入 M。

③ 用键输入数据。

④ 按■,则新键入的字代替了当前光标所指的字。

如输入 M03,按 Alt 键时,则出现如图 6-13 所示的内容。

N100　X100.0　Z120.0　<u>M</u>03;　S02;　N110　M30;

↑　　光标现在位置
　　变更后的内容

图 6-13　输入 M03

(4) 字的删除(见图 6-14)

N100　X100.0　<u>Z</u>120.0　M03;　S02;　N110　M30;

↑　　光标现在位置
　　要删除 Z120.0

图 6-14　删除字

① 检索或扫描到要删除的字。

② 按■键,则当前光标所指的字被删除,如图 6-15 所示。

N100　X100.0　<u>M</u>03;　S02;　N110　M30;

↑　　光标现在位置
　　删除后

图 6-15　按 Del 键删字

(5) 多个程序段的删除

从现在显示的字开始,删除到指定顺序号的程序段,如图 6-16 所示。

N100 X100.0 <u>M</u>03; S02;……N2233 S02; N2300 M30;

↑　　　　　　　　　↑
光标现在位置
要把此区域删除

图 6-16　多个程序段删除

① 按地址键 N。

② 用键输入顺序号 2233。

③ 按■键,至 N2233 的程序段被删除。光标移到下个字的地址下面。

📖 任务实施

一、任务实施内容及步骤

(一) 布置任务,学生分组

根据项目任务的要求,布置各小组的具体任务,并根据设备数量将学生分成若干小组。

（二）小组具体实施步骤

1．利用数控仿真系统先进行仿真操作

（1）选择刀具

90°偏刀，刀具号 T0101。

（2）确定加工路线

加工路线如下：加工端面→粗加工 $D1$→粗加工 $D2$→粗加工 $D3$→倒角 $C2$→精加工 $D3$→精加工 $D2$→精加工 $D1$。

（3）开机，启动软件

按正确的操作方法启动软件，激活机床。

（4）装夹工件

（5）安装刀具

（6）编制好加工程序

（7）录入程序并编辑

（8）对程序进行图形模拟

在图形界面（按两次设置键），翻页至图形模拟页面，按下 及 ，锁住机床主轴及辅助功能，随后按下循环启动键 。观察刀具运行轨迹，并参照程序及当前坐标位置比较刀具运行路线。

（9）对刀

（10）调用程序自动运行加工

（11）测量工件

2．教师检测学生仿真情况并集中进行讲评

3．学生在实际机床上按上述操作重复一次

（三）小组小结任务实施情况

各小组经讨论后，选出一名代表小结任务实施情况并展示本组制定的工艺卡。

（四）完成工作任务书

组员单独完成，组内交互检查，交教师评阅。

（五）评价反馈与考核

教师组织学生进行自评，互评与单独抽查考核，作为学生考核成绩。并对学生存在的普遍问题进行强化。

二、注意事项

① 操作数控车床时应确保安全。包括人身和设备的安全。

② 禁止多人同时操作机床。

③ 禁止让机床在同一方向连续"超程"。

④ 工件、刀具要夹紧、夹牢。

⑤ 选择换刀时，要注意安全位置。

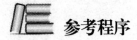 **参考程序**

O0011；

N10 T0101；

N20 M03 S600 F100；

N30 M08；

N31 G00 X50 Z5；

N32 G01 X48 F100；

N33 G01 Z-85 F100；

N34 G00 X50；

N35 Z5；

N36 G01 X45 F100；

N37 Z-45；

N38 G00 X48；

N39 Z5；

N40 G01 X42 F100；

N41 G01 Z-45 F100；

N42 G00 X45；

N43 Z5；

N44 G01 X38 F100；

N45 Z-20；

N46 G00 X40；

N47 Z5；

N48 G01 X35 F100；

N49 G01 Z-20 F100；

N51 G00 X38；

N52 G00 X36.98 Z2；

N53 G01 X34.98 Z-2 F100 S1000；

N60 Z-20；

N70 X41.98 ；

N80 Z-45；

N90 X47.98 ；

N100 Z-80；

N110 X52；

N120 G00 X200 Z100 ；

N130 M30；

 考核与评价

项目六：外圆、端面及台阶加工——考核评价标准

序号	作业项目	考核内容	配分	评分标准	评分记录	扣分	得分
1	仿真	在计算机上进入仿真加工	20	1. 能根据要求在计算机仿真软件加成功加工出符合零件图要求的零件计满分 2. 程序出现一处错误扣2分			
2	加工工艺确定	根据零件图确定合理的加工工艺	20	1. 能完全合理的确定加工工艺为满分 2. 工艺不合理一处扣5分			
3	实际加工操作	操作实际机床进行零件加工	40	1. 能成功操作数控机床进行零件加工计满分 2. 加工精度不符合要求一项扣4分 3. 损坏车具、量具或机床本项为0分			
4	安全文明生产	遵守安全操作规程，操作现场整洁 安全用电，防火，无人身、设备事故	20	每项不合格扣5分，扣完为止 因违规操作发生重大人身和设备事故，此题按0分计			
5	分数合计		100				

 学习任务书

项目任务书——外圆、端面及台阶加工

编号：XM-06

专 业		班 级			
姓 名		学 号		组 别	
实训时间		指导教师		成 绩	

一、工艺路线确定

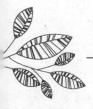

续表

二、刀具卡

零件名称			零件图号		
刀具序号	刀具规格及名称	数　量	加工内容	备　注	
1					
2					
3					
4					
5					

三、工序卡

零件名称			零件图号		
工序号		夹　具		使用设备	
设备号		量　具		材料	
工步号	工步内容	刀具号	主轴转速	进给速度	背吃刀量
1					
2					
3					
4					
5					
6					
7					
8					
9					
10					

四、加工程序

序号	程序内容	注释

序号	程序内容	注释

五、学生课外练习（编程与坐标计算）

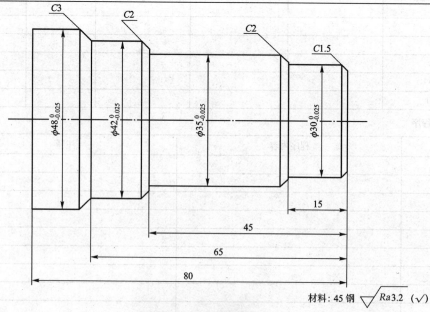

材料：45钢 $\sqrt{Ra3.2}$ $(\sqrt{})$

(a) 零件图

(b) 立体示意图

续表

六、实训小结

七、教师评定

教师签名:

日期: 年 月 日

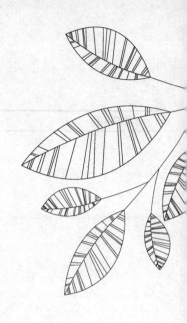

项目七

车削倒角及圆锥

 项目任务

加工一根短圆锥轴，零件图如图 7-1 所示。

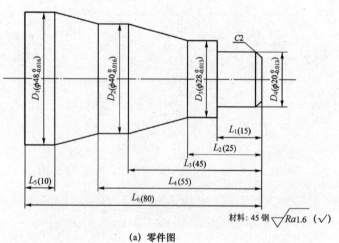

(a) 零件图

材料: 45 钢 ▽Ra1.6 (√)

(b) 立体图

图 7-1 短圆锥轴

 教学目标

1. 学习 G70、G71、73 指令的应用，巩固 G00、G01 指令的使用。

2．进一步理解对刀操作。

3．巩固学习工件、刀具设置、程序输入编辑与自动加工。

4．掌握程序校验的方法与步骤。

 项目设备清单

序号	名　称	规　格	数量	备　注
1	数控仿真系统	980T 系列	35	
2	多媒体电脑	P4 以上配置	35	
3	数控车床	400mm×1000 mm	8	GSK980TD
4	卡盘扳手	与车床配套	8	
5	刀架扳手	与车床配套	8	
6	车刀	90°外圆	8	
7	材料	$\phi50mm×130mm$	35	45 钢
8	油壶、毛刷及清洁棉纱		若干	

 项目相关知识学习

多重循环指令

　　GSK980TD 的多重循环指令包括：轴向粗车循环 G71、径向粗车循环 G72、封闭切削循环 G73、精加工循 G7、轴向切槽多重循环 G74、径向切槽多重循环 G75 及多重螺纹切削循环 G76。系统执行这些指令时，根据编程轨迹、进刀量、退刀量等数据自动计算切削次数和切削轨迹，进行多次进刀→切削→退刀→再进刀的加工循环，自动完成工件毛坯的粗、精加工，指令的起点和终点相同。

一、轴向粗车循环 G71

指令格式：G71U$\_$（Δd）R$\_$（e）F$\_$S$\_$T$\_$；　（1）

　　　　　G71P$\_$（ns）Q$\_$（nf）U$\_$（Δu）W$\_$（Δw）；　（2）

$$\left.\begin{array}{l} N(ns).\ .\ .\ .\ .\ ; \\ .\ .\ .\ .\ .\ .\ ; \\ .\ .\ .\ F; \\ .\ .\ .\ .\ S; \\ .\ .\ .\ .\ . \\ .\ .\ .\ .\ . \\ N(nf).\ .\ .\ .\ .\ ; \end{array}\right\}$$　（3）

指令意义：G71 指令分为以下三个部分。

（1）给定粗车时的切削量、退刀量和切削速度、主轴转速、刀具功能的程序段。

（2）给定定义精车轨迹的程序段区间、精车余量的程序段。

（3）定义精车轨迹的若干连续的程序段，执行 G71 时，这些程序段仅用于计算粗车的轨迹，实际并未被执行。

系统根据精车轨迹、精车余量、进刀量、退刀量等数据自动计算粗加工路线，沿与 Z 轴平行的方向切削，通过多次进刀→切削→退刀的切削循环完成工件的粗加工。G71 的起点和终点相同。本指令适用于非成型毛坯（棒料）的成形粗车。

相关定义如下。

精车轨迹：由指令的第（3）部分（$ns \sim nf$ 程序段）给出的工件精加工轨迹，精加工轨迹的起点（即 ns 程序段的起点）与 G71 的起点、终点相同，简称 A 点；精加工轨迹的第一段（ns 程序段）只能是 X 轴的快速移动或切削进给，ns 程序段的终点简称 B 点；精加工轨迹的终点（nf 程序段的终点）简称 C 点。精车轨迹为 A 点→B 点→C 点。

粗车轮廓：精车轨迹按精车余量（Δu、Δw）偏移后的轨迹，是执行 G71 形成的轨迹轮廓。精加工轨迹的 A、B、C 点经过偏移后对应粗车轮廓的 A'、B'、C'，G71 指令最终的连续切削轨迹为 $B' \to C$。

Δd：粗车时 X 轴的切削量，取值范围 0.001～99.999（单位为 mm，半径值），无符号，进刀方向由 ns 程序段的移动方向决定。U（Δd）执行后，指令值 Δd 保持，并把数据参数 NO.051 的值修改为 $\Delta d \times 1000$（单位 0.001 mm）。未输入 U（Δd）时，以数据参数 NO.051 的值作为进刀量。

e：粗车时 X 轴的退刀量，取值范围 0.001～99.999（单位为 mm，半径值），无符号，退刀方向与进刀方向相反，R（e）执行后，指令值 e 保持，并把数据参数 NO.052 的值修改为 $e \times 1000$（单位为 0.001 mm）。未输入 R（e）时，以数据参数 NO.052 的值作为退刀量。

ns：精车轨迹的第一个程序段的程序段号。

nf：精车轨迹的最后一个程序段的程序段号。

Δu：X 轴的精加工余量，取值范围-99.999～99.999（单位为 mm，直径），有符号，粗车轮廓相对于精车轨迹的 X 轴坐标偏移，即：A'点与 A 点 X 轴绝对坐标的差值。U（Δu）未输入时，系统按 Δu=0 处理，即：粗车循环 X 轴不留精加工余量。

Δw：Z 轴的精加工余量，取值范围-99.999～99.999（单位为 mm），有符号，粗车轮廓相对于精车轨迹的 Z 轴坐标偏移，即：A' 点与 A 点 Z 轴绝对坐标的差值。W（Δw）未输入时，系统按 Δw=0 处理，即粗车循环 Z 轴不留精加工余量。

F：切削进给速度；S：主轴转速；T：刀具号、刀具偏置号。

M、S、T、F：可在第一个 G71 指令或第二个 G71 指令中，也可在 $ns \sim nf$ 程序中指定。在 G71 循环中，$ns \sim nf$ 间程序段号的 M、S、T、F 功能均无效，仅在有 G70 精车循环的程序段中才有效。

指令执行过程如图 7-2 所示。

① 从起点 A 点快速移动到 A' 点，X 轴移动 Δu、Z 轴移动 Δw。

② 从 A' 点 X 轴移动 Δd（进刀），ns 程序段是 G0 时按快速移动速度进刀，ns 程序段是 G1 时按 G71 的切削进给速度 F 进刀，进刀方向与 A 点→B 点的方向一致。

③ Z 轴切削进给到粗车轮廓，进给方向与 B 点→C 点 Z 轴坐标变化一致。

④ X 轴、Z 轴按切削进给速度退刀 e（45° 直线），退刀方向与各轴进刀方向相反。

⑤ Z 轴以快速移动速度退回到与 A' 点 Z 轴绝对坐标相同的位置。

⑥ 如果 X 轴再次进刀$(\Delta d+e)$后，移动的终点仍在 A' 点→B' 点的连线中间（未达到或超出 B' 点），X 轴再次进刀$(\Delta d+e)$，然后执行③；如果 X 轴再次进刀$(\Delta d+e)$后，移动的终点到达 B' 点或超出了 A' 点→B' 点的连线，X 轴进刀至 B' 点，然后执行⑦。

⑦ 沿粗车轮廓从 B' 点切削进给至 C' 点。

⑧ 从 C' 点快速移动到 A 点，G71 循环执行结束，程序跳转到 nf 程序段的下一个程序段执行。

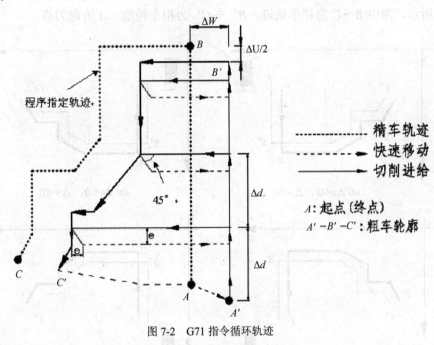

图 7-2　G71 指令循环轨迹

指令说明如下。

- ns～nf 程序段必须紧跟在 G71 程序段后编写。如果在 G71 程序段前编写，系统自动搜索到 ns～nf 程序段并执行，执行完成后，按顺序执行 nf 程序段的下一程序，因此会引起重复执行 ns～nf 程序段。

第一篇编程说明●执行 G71 时，ns～nf 程序段仅用于计算粗车轮廓，程序段并未被执行。ns～nf 程序段中的 F、S、T 指令在执行 G71 循环时无效，此时 G71 程序段的 F、S、T 指令有效；执行 G70 精加工循环时，ns～nf 程序段中的 F、S、T 指令有效。

- ns 程序段只能是不含 Z（W）指令字的 G00、G01 指令，否则报警。

- 精车轨迹（ns～nf 程序段），X 轴、Z 轴的尺寸都必须是单调变化（一直增大或一直减小）。

- ns～nf 程序段中，只能有 G 功能：G00、G01、G02、G03、G04、G96、G97、G98、G99、G40、G41、G42 指令；不能有子程序调用指令（如 M98/M99）。

- G96、G97、G98、G99、G40、G41、G42 指令在执行 G71 循环中无效，执行 G70 精加工循环时有效。

- 在 G71 指令执行过程中，可以停止自动运行并手动移动，但要再次执行 G71 循环时，必须返回到手动移动前的位置。如果不返回就继续执行，后面的运行轨迹将错位。
- 执行进给保持、单程序段的操作，在运行完当前轨迹的终点后程序暂停。
- $\triangle d$、$\triangle u$ 都用同一地址 U 指定，其区分是根据该程序段有无指定 P，Q 指令。
- 在录入方式中不能执行 G71 指令，否则产生报警。
- 在同一程序中需要多次使用复合循环指令时，$ns \sim nf$ 不允许有相同程序段号。

留精车余量时坐标偏移方向如下。

$\triangle u$、$\triangle w$ 反应了精车时坐标偏移和切入方向，按 $\triangle u$、$\triangle w$ 的符号有四种不同组合，如图 7-3 所示，图中 $B \to C$ 为精车轨迹，$B' \to C'$ 为粗车轮廓，A 为起刀点。

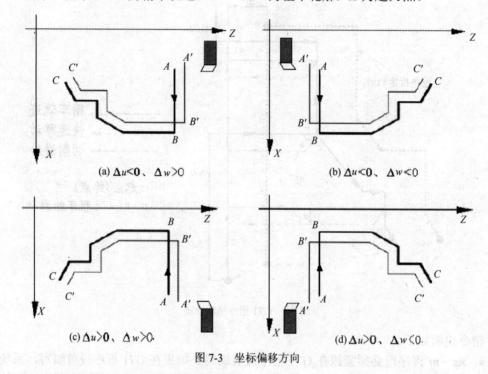

图 7-3　坐标偏移方向

使用 G71 指令应注意以下几点：

① 由循环起点 C 到 A 点的只能用 G00 或 G01 指令，且不可有 Z 轴方向移动指令。（请参考下例 04010 程序）。

② 车削的路径必须是单调增大或减小，即不可有内凹的轮廓外形。

③ 当使用 G71 指令粗车内孔轮廓时，须注意 $\triangle u$ 为负值。

零件加工示例如图 7-4 所示。

程序编制如下。

O0004；

G00 X200 Z10 M3 S800；　　（主轴正转，转速 800r/min）

G00X102 Z2　　（加工前的定位）

G71 U2 R1 F200；　　（每次切深 4mm，退刀 2mm，[直径]）

G71 P80 Q120 U0.5 W0.2；　　（对 $a \to e$ 粗车加工，余量 X 方向 0.5mm，Z 方向 0.2mm）

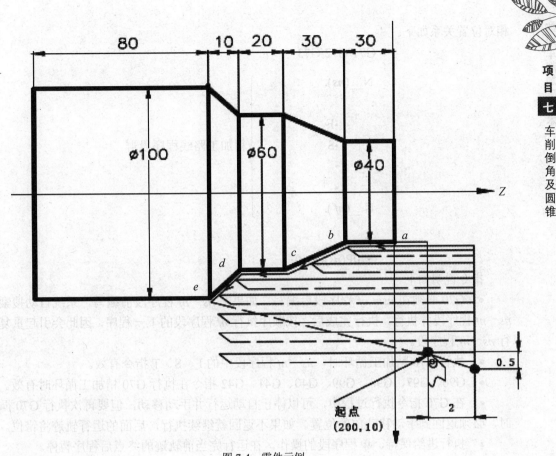

图 7-4　零件示例

N80 G00 X40 S1200;	（定位）	
G01 Z‐30F100;	（a→b）	
X60 W‐30;	（b→c）	精加工路线a→b→c→d→e程序段
W‐20;	（c→d）	
N120 X100 W‐10;	（d→e）	

G70 P80 Q120;　　　　　　　　（对 a→e 精车加工）

M30;　　　　　　　　　　　（程序结束）

二、精加工循环 G70

指令格式：G70 P（ns）Q（nf）；

指令功能：刀具从起点位置沿着 ns~nf 程序段给出的工件精加工轨迹进行精加工。在 G71、G72 或 G73 进行粗加工后，用 G70 指令进行精车，单次完成精加工余量的切削。G70 循环结束时，刀具返回到起点并执行 G70 程序段后的下一个程序段。

ns：精车轨迹的第一个程序段的程序段号。

nf：精车轨迹的最后一个程序段的程序段号。

G70 指令轨迹由 ns~nf 之间程序段的编程轨迹决定。ns、nf 在 G70~G73 程序段中的相对位置关系如下。

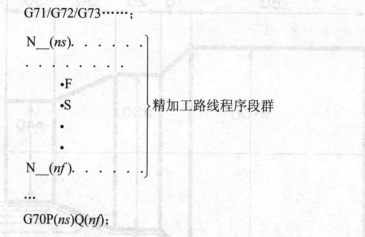

G71/G72/G73……;

N__(*ns*). . . . . .

. . . .

•F

•S   }精加工路线程序段群

.

.

N__(*nf*). . . . . .

…

G70P(*ns*)Q(*nf*);

指令说明如下。

• G70 必须在 *ns*～*nf* 程序段后编写。如果在 *ns*～*nf* 程序段前编写，系统自动搜索到 *ns*～*nf* 程序段并执行，执行完成后，按顺序执行 *nf* 程序段的下一程序，因此会引起重复执行 *ns*～*nf* 程序段。

• 执行 G70 精加工循环时，*ns*～*nf* 程序段中的 F、S、T 指令有效。

• G96、G97、G98、G99、G40、G41、G42 指令在执行 G70 精加工循环时有效。

• 在 G70 指令执行过程中，可以停止自动运行并手动移动，但要再次执行 G70 循环时，必须返回到手动移动前的位置。如果不返回就继续执行，后面的运行轨迹将错位。

• 执行进给保持、单程序段的操作，在运行完当前轨迹的终点后程序暂停。

• 在录入方式中不能执行 G70 指令，否则产生报警。

• 在同一程序中需要多次使用复合循环指令时，*ns*～*nf* 不允许有相同程序段号。

三、轴向切削循环 G90

指令格式：G90 X（U）__ Z（W）__ F__；（圆柱切削）

G90 X（U）__ Z（W）__ R__ F__；（圆锥切削）

指令功能：从切削点开始，进行径向（X 轴）进刀、轴向（Z 轴或 X、Z 轴同时）切削，实现柱面或锥面切削循环。

指令说明：G90 为模态指令。

切削起点：直线插补（切削进给）的起始位置。

切削终点：直线插补（切削进给）的结束位置。

X：切削终点 X 轴绝对坐标，单位为 mm。

U：切削终点与起点 X 轴绝对坐标的差值，单位为 mm。

Z：切削终点 Z 轴绝对坐标，单位为 mm。

W：切削终点与起点 Z 轴绝对坐标的差值，单位为 mm。

R：切削起点与切削终点 X 轴绝对坐标的差值（半径值），带方向，当 R 与 U 的符号不一致时，要求 $|R| \leqslant |U/2|$；R＝0 或缺省输入时，进行圆柱切削，如图 7-5 所示，

否则进行圆锥切削，如图 7-6 所示，单位为 mm。

　　循环过程：① X 轴从起点快速移动到切削起点。

② 从切削起点直线插补（切削进给）到切削终点。

③ X 轴以切削进给速度退刀，返回到 X 轴绝对坐标与起点相同处。

④ Z 轴快速移动返回到起点，循环结束。

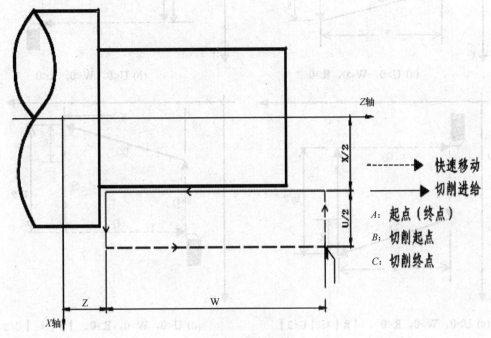

图 7-5　圆柱切削

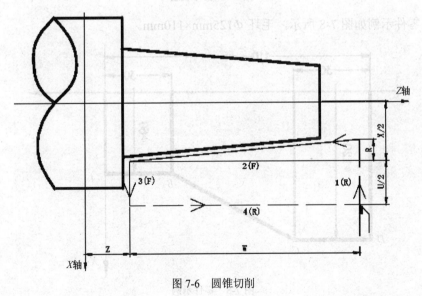

图 7-6　圆锥切削

　　指令轨迹：U、W、R 反应切削终点与起点的相对位置，U、W、R 在符号不同时组合的刀具轨迹，如图 7-7 所示。

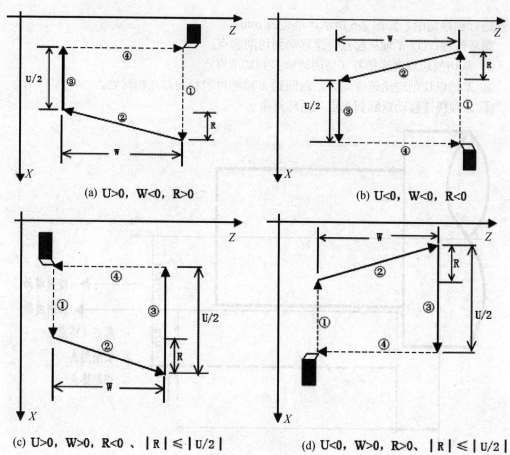

(a) U>0，W<0，R>0

(b) U<0，W<0，R<0

(c) U>0，W>0，R<0 、|R|≤|U/2|

(d) U<0，W>0，R>0、|R|≤|U/2|

图 7-7　指令轨迹

加工零件示例如图 7-8 所示，毛坯 ϕ125mm×110mm。

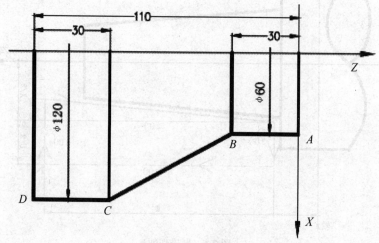

图 7-8　零件示例

程序编制如下。

O0002；

M3 S300 G0 X130 Z3；

G90 X120 Z-110 F200；　　　　　　　　（$A \rightarrow D$，ϕ120mm 切削）

X110 Z-30；

X100；

X90；

X80；　　　　　（$A \rightarrow D$，ϕ60mm 切削，分六次进刀循环切削，每次进刀10㎜）

X70；

X60；

G0 X120 Z-30；

G90 X120 Z-44 R-7.5 F150；

Z-56 R-15；

Z-68 R-22.5；　　　（$B \rightarrow C$，锥度切削，分四次进刀循环切削）

Z-80 R-30；

M30；

四、封闭切削循环 G73

指令格式：G73 U_（Δi）W_（Δk）R_（d）F_S_T_；　（1）

　　　　　G73 P_（ns）Q_（nf）U_（Δu）W_（Δw）；　（2）

　　　　　N__（ns）. . . . . ；

　　　　　. . . . . . . ；

　　　　　. . . . F；

　　　　　. . . . . S；　　　（3）

　　　　　.

　　　　　N__（nf）. . . . ；

指令意义如下。

G73 指令分为以下三个部分。

（1）给定退刀量、切削次数和切削速度、主轴转速、刀具功能的程序段。

（2）给定定义精车轨迹的程序段区间、精车余量的程序段。

（3）定义精车轨迹的若干连续的程序段，执行 G73 时，这些程序段仅用于计算粗车的轨迹，实际并未被执行。

系统根据精车余量、退刀量、切削次数等数据自动计算粗车偏移量、粗车的单次进刀量和粗车轨迹，每次切削的轨迹都是精车轨迹的偏移，切削轨迹逐步靠近精车轨迹，最后一次切削轨迹为按精车余量偏移的精车轨迹。G73 的起点和终点相同，本指令适用于成形毛坯的粗车。G73 指令为非模态指令，指令轨迹如图 7-9 所示。

相关定义如下。

精车轨迹：由指令的第（3）部分（$ns \sim nf$ 程序段）给出的工件精加工轨迹，精加工轨迹的起点（即 ns 程序段的起点）与 G73 的起点、终点相同，简称 A 点；精加工轨迹的第一段（ns 程序段）的终点简称 B 点；精加工轨迹的终点（nf 程序段的终点）简称 C 点。精车轨迹为 A 点→B 点→C 点。

粗车轨迹：为精车轨迹的一组偏移轨迹，粗车轨迹数量与切削次数相同。坐标偏移后精车轨迹的 A、B、C 点分别对应粗车轨迹的 A_n、B_n、C_n 点（n 为切削的次数，第一次切削表示为 A_1、B_1、C_1 点，最后一次表示为 A_d、B_d、C_d 点）。第一次切削相对于精车轨迹的坐标偏移量为（$\Delta i \times 2 + \Delta u$，$\Delta w + \Delta k$）（按直径编程表示），最后一次切削相对于精车轨迹的坐标偏移量为（Δu，Δw），每一次切削相对于上一次切削轨迹的坐标偏移量如下。

Δi：X 轴粗车退刀量，取值范围 $-9999.999 \sim 9999.999$（单位为 mm，半径值，有符号），Δi 等于 A_1 点相对于 A_d 点的 X 轴坐标偏移量（半径值），粗车时 X 轴的总切削量（半径值）等于 $|\Delta i|$，X 轴的切削方向与 Δi 的符号相反：$\Delta i > 0$，粗车时向 X 轴的负方向切削。Δi 指令值执行后保持，并把系统数据参数 NO.053 的值修改为 $\Delta i \times 1000$（单位为 0.001 mm）。未输入 U（Δi）时，以数据参数 NO.053 的值作为 X 轴粗车退刀量。

Δk：Z 轴粗车退刀量，取值范围 $-9999.999 \sim 9999.999$（单位：mm，有符号），Δk 等于 A_1 点相对于 A_d 点的 Z 轴坐标偏移量，粗车时 Z 轴的总切削量等于 $|\Delta k|$，Z 轴的切削方向与 Δk 的符号相反：$\Delta k > 0$，粗车时向 Z 轴的负方向切削。Δk 指令值执行后保持，并把数据参数 NO.054 的值修改为 $\Delta k \times 1000$（单位为 0.001 mm）。未输入 W（Δk）时，以数据参数 NO.054 的值作为 Z 轴粗车退刀量。

d：切削次数，取值范围 $1 \sim 9999$（单位为次），R5 表示 5 次切削完成封闭切削循环。R（d）指令值执行后保持，并将数据参数 NO.055 的值修改为 d（单位为次）。未输入 R（d）时，以数据参数 NO.055 的值作为切削次数。

ns：精车轨迹的第一个程序段的程序段号。

nf：精车轨迹的最后一个程序段的程序段号。

Δu：X 轴的精加工余量，取值范围 $-99.999 \sim 99.999$（单位为 mm，直径，有符号），最后一次粗车轨迹相对于精车轨迹的 X 轴坐标偏移，即：A_1 点相对于 A 点 X 轴绝对坐标的差值。$\Delta u > 0$，最后一次粗车轨迹相对于精车轨迹向 X 轴的正方向偏移。未输入 U（Δu）时，系统按 $\Delta u = 0$ 处理，即粗车循环 X 轴不留精加工余量。

Δw：Z 轴的精加工余量，取值范围 $-99.999 \sim 99.999$（单位为 mm，有符号），最后一次粗车轨迹相对于精车轨迹的 Z 轴坐标偏移，即：A_1 点相对于 A 点 Z 轴绝对坐标的差值。$\Delta w > 0$，最后一次粗车轨迹相对于精车轨迹向 Z 轴的正方向偏移。未输入 W（Δw）时，系统按 $\Delta w = 0$ 处理，即粗车循环 Z 轴不留精加工余量。

F：切削进给速度；S：主轴转速；T：刀具号、刀具偏置号。

M、S、T、F：指令字可在第一个 G73 指令或第二个 G73 指令中，也可在 $ns \sim nf$ 程序中指定。在 G73 循环中，$ns \sim nf$ 间程序段号的 M、S、T、F 功能都无效，仅在有 G70 精车循环的程序段中才有效。

指令执行过程如图 7-9 所示。

① $A \rightarrow A_1$：快速移动。

② 第一次粗车，$A_1 \rightarrow B_1 \rightarrow C_1$。

$A_1 \rightarrow B_1$：ns 程序段是 G0 时按快速移动速度，ns 程序段是 G1 时按 G73 指定的切削进给速度。

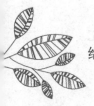

$B_1 \rightarrow C_1$：切削进给。

③ $C_1 \rightarrow A_2$：快速移动。

④ 第二次粗车，$A_2 \rightarrow B_2 \rightarrow C_2$。

$A_2 \rightarrow B_2$：ns 程序段是 G0 时按快速移动速度，ns 程序段是 G1 时按 G73 指定的切削进给速度。

$B_2 \rightarrow C_2$：切削进给。

⑤ $C_2 \rightarrow A_3$：快速移动。

……

第 n 次粗车，$A_n \rightarrow B_n \rightarrow C_n$。

$A_n \rightarrow B_n$：ns 程序段是 G0 时按快速移动速度，ns 程序段是 G1 时按 G73 指定的切削进给速度。

$B_n \rightarrow C_n$：切削进给。

$C_n \rightarrow A_{n+1}$：快速移动。

……

最后一次粗车，$A_d \rightarrow B_d \rightarrow C_d$：

$A_d \rightarrow B_d$：ns 程序段是 G0 时按快速移动速度，ns 程序段是 G1 时按 G73 指定的切削进给速度。

$B_d \rightarrow C_d$：切削进给。

$C_d \rightarrow A$：快速移动到起点。

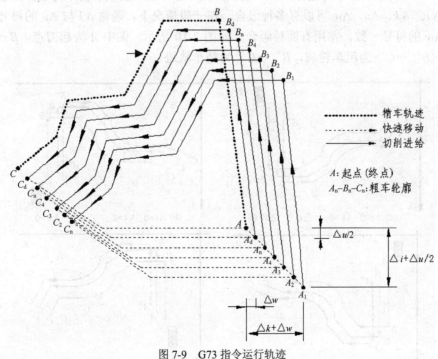

图 7-9　G73 指令运行轨迹

指令说明如下。

- ns～nf 程序段必须紧跟在 G73 程序段后编写。ns～nf 程序段如果在 G73 程序段前编写，系统能自动搜索到 *ns*～*nf* 程序段并执行，执行完成后，按顺序执行 *nf* 程序段的下一程序，因此会引起重复执行 *ns*～*nf* 程序段。

- 执行 G73 时，*ns*～*nf* 程序段仅用于计算粗车轮廓，程序段并未被执行。*ns*～*nf* 程序段中的 F、S、T 指令在执行 G73 时无效，此时 G73 程序段的 F、S、T 指令有效。执行 G70 精加工循环时，*ns*～*nf* 程序段中的 F、S、T 指令有效。

- *ns* 程序段只能是 G00、G01、G02、G03 指令。

- *ns*～*nf* 程序段中，只能有下列 G 功能：G00、G01、G02、G03、G04、G96、G97、G98、G99、G40、G41、G42 指令；不能有下列 M 功能：子程序调用指令（如 M98/M99）。

- G96、G97、G98、G99、G40、G41、G42 指令在执行 G73 循环中无效，执行 G70 精加工循环时有效。

- 在 G73 指令执行过程中，可以停止自动运行并手动移动，但要再次执行 G73 循环时，必须返回到手动移动前的位置。如果不返回就继续执行，后面的运行轨迹将错位。

- 执行进给保持、单程序段的操作，在运行完当前轨迹的终点后程序暂停。

- Δi、Δu 都用同一地址 U 指定，Δk、Δw 都用同一地址 W 指定，其区分是根据该程序段有无指定 P、Q 指令字。

- 在录入方式中不能执行 G73 指令，否则产生报警。

- 在同一程序中需要多次使用复合循环指令时，*ns*～*nf* 不允许有相同程序段号。

留精车余量时坐标偏移方向如下。

Δi、Δk 反应了粗车时坐标偏移和切入方向，Δu、Δw 反应了精车时坐标偏移和切入方向；Δi、Δk、Δu、Δw 可以有多种组合，在一般情况下，通常 Δi 与 Δu 的符号一致，Δk 与 Δw 的符号一致，常用有四种组合，如图 7-10 所示，图中 A 为起刀点，B→C 为工件轮廓，B′→C′ 为粗车轮廓，B″→C″ 为精车轨迹。

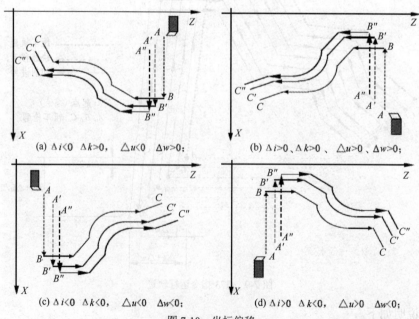

(a) $\Delta i<0$ $\Delta k>0$，$\Delta u<0$ $\Delta w>0$；　　(b) $\Delta i>0$、$\Delta k>0$、$\Delta u>0$、$\Delta w>0$；

(c) $\Delta i<0$ $\Delta k<0$，$\Delta u<0$ $\Delta w<0$；　　(d) $\Delta i>0$ $\Delta k<0$，$\Delta u>0$ $\Delta w<0$；

图 7-10　坐标偏移

零件加工示例如图 7-11 所示。

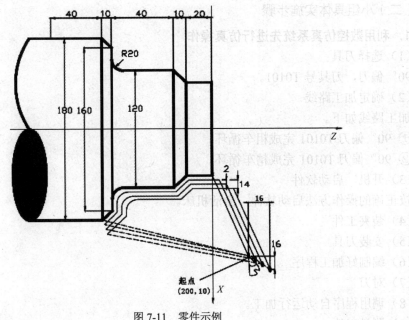

图 7-11　零件示例

程序编制如下。

O0006;

G99 G00 X200 Z10 M03 S500;　　　（指定每转进给，定位起点，启动主轴）

G00 X182 Z2　　　　　　　　　　（加工前的定位）

G73 U50W1.0 R25;　　　　　　　　（X 轴总退刀=（最大直径-最小直径）/2=50mm，

Z 轴退刀 1mm，走刀次数 R=X 轴总退刀量 50mm/每刀切削深度 2mm=25）

G73 P14 Q19 U0.5 W0.3 F0.3　　　（粗车，X 轴留 0.5mm，Z 轴留 0.3mm 精车余量）

N14 G00 X80 W-40

　G01 W－20 F0.15 S600;

　X120 W－10;　　　　　　　　　}精加工形状程序段

　W－20;

　G02 X160 W－20 R20;

　N19 G01 X180 W－10;

G70 P14 Q19 M30　　　　　　　　（精加工）

📖 任务实施

一、任务实施内容及步骤

（一）布置任务，学生分组

根据项目任务的要求，布置各小组的具体任务，并根据设备数量将学生分成若干小组。

（二）小组具体实施步骤

1. 利用数控仿真系统先进行仿真操作

（1）选择刀具

90°偏刀，刀具号T0101。

（2）确定加工路线

加工路线如下。

① 90°偏刀T0101完成粗车循环。

② 90°偏刀T0101完成精车循环。

（3）开机，启动软件

按正确的操作方法启动软件，激活机床。

（4）装夹工件

（5）安装刀具

（6）编制好加工程序

（7）对刀

（8）调用程序自动运行加工。

（9）测量工件

2. 教师检测学生仿真情况并集中进行讲评

3. 学生在实际机床上按上述操作重复一次

（三）小组小结任务实施情况

各小组经讨论后，选出一名代表小结任务实施情况并展示本组制定的工艺卡。

（四）完成工作任务书

组员单独完成，组内交互检查，交教师评阅。

（五）评价反馈与考核

教师组织学生进行自评、互评与单独抽查考核，作为学生考核成绩。并对学生存在的普遍问题进行强化。

二、注意事项

① 操作数控车床时应确保安全，包括人身和设备的安全。

② 禁止多人同时操作机床。

③ 禁止让机床在同一方向连续"超程"。

④ 工件、刀具要夹紧、夹牢。

⑤ 选择换刀时，要注意安全位置。

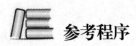

参考程序

程　序	注　释
O0012；	程序号
N010 T0101；	调用 01 号刀，选择 01 号刀补
N020 G99 M03 S600；	主轴正转，转速为 600r/min
N030 M08；	打开切削液
N040 G00 X50 Z2；	快速进刀至循环起点
N050 G71 U2 R0.5；	定义粗车循环，背吃刀量为 2mm，退刀量为 0.5mm
N060 G71 P70 Q180 U0.5 W0.05 F100；	精车路线为 70～180 行，X 方向精车余量为 0.5mm，Z 方向精车余量为 0.05mm，进给量为 0.25mm/r
N070 G00 X0 S1000； N080 G01 Z0 F100； N090 X15.99； N100 X19.99 Z-2； N110 Z-15； N120 X27.99； N130 Z-25； N140 X39.99 Z-45； N150 Z-55； N160 X47.99 Z-70； N170 W-10； N180 X52；	快速进刀，主轴转速为 1000 r/min 设进给量为 0.10 mm/r 精加工轮廓 精加工轮廓 精加工轮廓 精加工轮廓 精加工轮廓 精加工轮廓 精加工轮廓 精加工轮廓 精加工轮廓 精加工轮廓
N190 G00 X50 Z2；	定位
N200 G70 P70 Q180；	精加工
N210 G00 X200 Z100；	回换刀点
N220 M30；	程序结束

数控车削加工技术

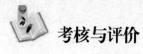

考核与评价

项目七　车削倒角及圆锥

圆锥轴评分表

序号	项目	检测内容	配分	评分标准	实测	得分
1	外圆	D_1	10	超差 0.02mm 扣 2 分，表面粗糙度降一级扣 1 分		
2		D_2	10			
3		D_3、D_4	20			
4	倒角	C_2	5	无倒角不得分		
5	长度	L_1、L_2	15	超差不得分		
6		L_3、L_4	10			
7		L_5、L_6	10			
8	锥度	两处	10	达不到尺寸要求不得分		
9	表面粗糙度	各处	10	每降低一个等级扣 2 分		
10	文明生产			发生事故记 0 分，违规程每次扣 3 分		
考试时间				记时	监考	
材料规格				检验		
加工工时				评分		

名称

图号

材料：45 钢　　$\sqrt{Ra1.6}$ (√)

$D_4(\phi20^{\ 0}_{-0.013})$　$D_3(\phi28^{\ 0}_{-0.013})$　$D_2(\phi40^{\ 0}_{-0.016})$　$D_1(\phi48^{\ 0}_{-0.016})$

$C2$　$L_1(15)$　$L_2(25)$　$L_3(45)$　$L_4(55)$　$L_5(10)$　$L_6(80)$

学习任务书

项目任务书——车削倒角及圆锥

专 业		班 级			
姓 名		学 号		组 别	
实训时间		指导教师		成 绩	

一、工艺路线确定

二、刀具卡

零件名称			零件图号		
刀具序号	刀具规格及名称	数 量	加工内容		备 注
1					
2					
3					
4					
5					

三、工序卡

零件名称			零件图号		
工序号		夹 具	使用设备		
设备号		量 具	材 料		
工步号	工步内容	刀具号	主轴转速	进给速度	背吃刀量
1					
2					
3					
4					
5					
6					
7					
8					
9					
10					

四、加工程序

序号	程序内容	注释

四、加工程序

序号	程序内容	注释

五、学生课后练习（编程）

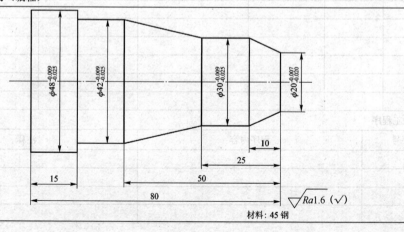

材料：45 钢

续表

六、实训小结（出现的问题及解决的办法）

七、教师评定

教师签名：

日期： 　年　 月　 日

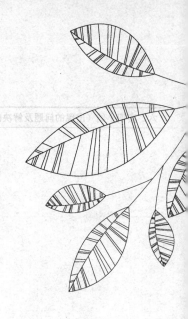

项目八

车削圆弧面

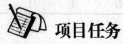 **项目任务**

加工一根短轴，零件图如图 8-1 所示。

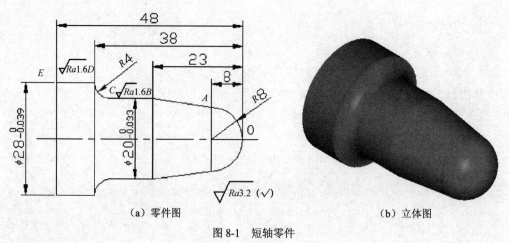

（a）零件图

（b）立体图

图 8-1　短轴零件

 教学目标

1. 学习 G02、G03 指令的应用，巩固 G70、G71 指令的使用。

2．掌握 G40、G41、G42 指令的应用。

3．熟悉圆弧坐标计算与圆弧加工刀具的选用。

4．熟悉零件精度的控制方法。

项目设备清单

序号	名　　称	规　　格	数量	备　　注
1	数控仿真系统	980T 系列	35	
2	多媒体计算机	P4 以上配置	35	
3	数控车床	400mm×1000 mm	8	GSK980TD
4	卡盘扳手	与车床配套	8	
5	刀架扳手	与车床配套	8	
6	车刀	90° 外圆	8	
7	材料	ϕ30mm×100mm	35	45 号钢
8	油壶、毛刷及清洁棉纱		若干	

项目相关知识学习

一、圆弧插补 G02、G03

指令格式：$\left.\begin{array}{l} G02 \\ G03 \end{array}\right\} X(U)\_Z(W)\_ \left\{\begin{array}{l} R\_ \\ I\_K\_ \end{array}\right.$

指令功能：G02 指令运动轨迹为从起点到终点的顺时针（后刀座坐标系）/逆时针（前刀座坐标系）圆弧，轨迹如图 8-2 所示。

G03 指令运动轨迹为从起点到终点的逆时针（后刀座坐标系）/顺时针（前刀座坐标系）圆弧，轨迹如图 8-3 所示。

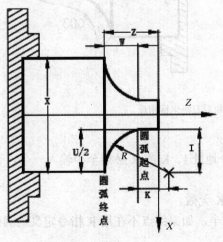

图 8-2　G02 轨迹

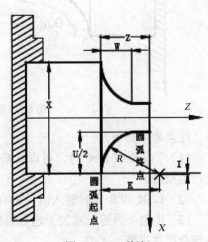

图 8-3　G03 轨迹

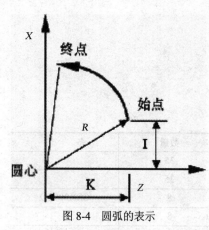

图 8-4 圆弧的表示

指令说明：G02、G03 为模态 G 指令。

R 为圆弧半径，取值范围-9999.999～9999.999mm。

I 为圆心与圆弧起点在 X 方向的差值，用半径表示，取值范围-9999.999～9999.999mm。

K 为圆心与圆弧起点在 Z 方向的差值，取值范围-9999.999～9999.999mm。

圆弧中心用地址 I、K 指定时，其分别对应于 X、Z 轴，I、K 表示从圆弧起点到圆心的矢量分量，是增量值，如图 8-4 所示。

I＝圆心坐标 X－圆弧起始点的 X 坐标；K＝圆心坐标 Z－圆弧起始点的 Z 坐标。

I、K 根据方向带有符号，I、K 方向与 X、Z 轴方向相同，则取正值；否则，取负值。

圆弧方向：G02/ G03 圆弧的方向定义，在前刀座坐标系和后刀座坐标系是相反的，如图 8-5 所示。

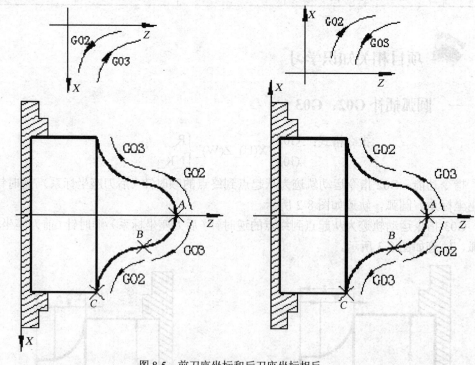

图 8-5 前刀座坐标和后刀座坐标相反

注意事项如下。

（1）当 I=0 或 K=0 时，可以省略；但指令地址 I、K 或 R 必须至少输入一个，否则系统产生报警。

（2）I、K 和 R 同时输入时，R 有效，I、K 无效。

（3）R 值必须等于或大于起点到终点的一半，如果终点不在用 R 指令定义的圆弧上，系统会产生报警。

（4）地址 X（U）、Z（W）可省略一个或全部；当省略一个时，表示省略的该轴的起点和终点一致；同时省略表示终点和始点是同一位置，若用 I、K 指令圆心时，执行 G02/G03 指令的轨迹为全圆（360°）；用 R 指定时，表示 0°的圆。

（5）建议使用 R 编程。当使用 I、K 编程时，为了保证圆弧运动的始点和终点与指定值一致，系统按半径 $R = \sqrt{I^2 + K^2}$。运动。

（6）若使用 I、K 值进行编程，若圆心到的圆弧终点距离不等于 R（$R = \sqrt{I^2 + K^2}$），系统会自动调整圆心位置保证圆弧运动的始点和终点与指定值一致，如果圆弧的始点与终点间距离大于 2R，系统报警。

（7）R 指令时，可以是大于 180°和小于 180°圆弧，R 负值时为大于 180°的圆弧，R 正值时为小于或等于 180°的圆弧；

示例：从直径 Φ45.25mm 切削到 Φ63.06mm 的圆弧程序指令，如图 8-6 所示。

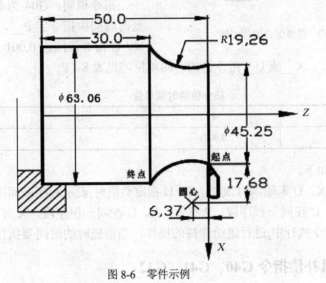

图 8-6 零件示例

程序编制如下。

G02 X63.06 Z-20.0 R19.26 F300；

或 G02 U17.81 W-20.0 R19.26 F300；

或 G02 X63.06 Z-20.0 I17.68 K-6.37；

或 G02 U17.81 W-20.0 I17.68 K-6.37 F300；

G02/G03 指令综合编程实例如图 8-7 所示。

程序编制如下。

O0001 N001 G0 X40 Z5；（快速定位）

N002 M03 S200；（主轴开）

N003 G01 X0 Z0 F900；（靠近工件）

N005 G03 U24 W-24 R15；（切削 R15mm 圆弧段）

N006 G02 X26 Z-31 R5；（切削 R5mm 圆弧段）

N007 G01 Z-40；（切削 Φ26）

N008 X40 Z5；（返回起点）

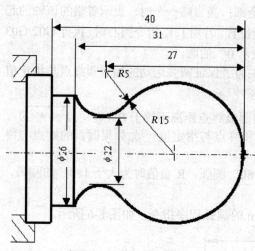

图 8-7　圆弧综合编程实例

N009 M30；（程序结束）

二、暂停指令 G04

指令格式：G04 P__；

或 G04 X__；

或 G04 U__；

或 G04；

指令功能：各轴运动停止,不改变当前的 G 指令模态和保持的数据、状态,延时给定的时间后,再执行下一个程序段。

指令说明：G04 为非模态 G 指令,G04 延时时间由指令字 P__、X__ 或 U__ 指定,P、X、U 指令范围为 0.001～99999.999s。

指令字 P__、X__ 或 U__ 指令值的时间单位,见表 8-1。

表 8-1　指令值的时间单位

地址	P	U	X
单位	0.001s	s	s

注意事项如下。

① 当 P、X、U 未输入时或 P、X、U 指定负值时,表示程序段间准确停。

② P、X、U 在同一程序段,P 有效；X、U 在同一程序段,X 有效。

③ G04 指令执行中,进行进给保持的操作,当前延时的时间要执行完毕后方可暂停。

三、刀具补偿指令 G40、G41、G42

（1）指令格式

$$\begin{Bmatrix} G40 \\ G41 \\ G42 \end{Bmatrix} \begin{Bmatrix} G00 \\ G01 \end{Bmatrix} X\_\_ \ Z\_\_ \ T\_\_;$$

指令功能说明如下。

指令	功能说明
G40：	取消刀尖半径补偿。
G41：	后刀座坐标系中 G41 指定是左刀补,前刀座坐标系中 G41 指定是右刀补。
G42：	后刀座坐标系中 G42 指定是右刀补,前刀座坐标系中 G42 指定是左刀补。

（2）补偿方向

应用刀尖半径补偿,必须根据刀尖与工件的相对位置来确定补偿的方向,如图 8-8、图 8-9 所示。

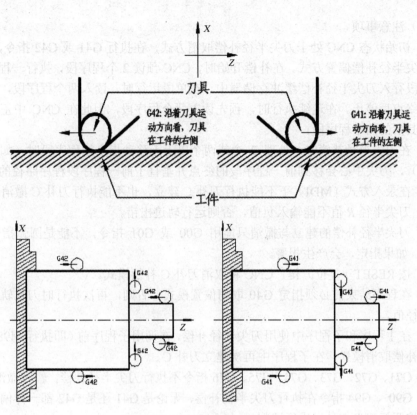

图 8-8 后刀座坐标系补偿方向

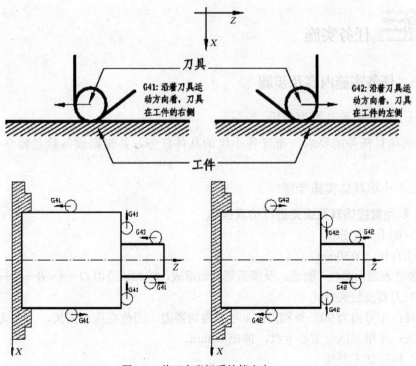

图 8-9 前刀座坐标系补偿方向

（3）注意事项

① 初始状态 CNC 处于刀尖半径补偿取消方式，在执行 G41 或 G42 指令，CNC 开始建立刀尖半径补偿偏置方式。在补偿开始时，CNC 预读 2 个程序段，执行一程序段时，下一程序段存入刀尖半径补偿缓冲存储器中。在单段运行时，读入两个程序段，执行第一个程序段终点后停止。在连续执行时，预先读入两个程序段，因此在 CNC 中正在执行的程序段和其后的两个程序段。

② 在刀尖半径补偿中，处理 2 个或两个以上无移动指令的程序段时（如辅助功能、暂停等），刀尖中心会移到前一程序段的终点并垂直于前一程序段程序路径的位置。

③ 在录入方式（MDI）下不能执行刀补 C 建立，也不能执行刀补 C 撤消。

④ 刀尖半径 R 值不能输入负值，否则运行轨迹出错。

⑤ 刀尖半径补偿的建立与撤消只能用 G00 或 G01 指令，不能是圆弧指令（G02 或 G03）。如果指定，会产生报警。

⑥ 按 RESET（复位）键，CNC 将取消刀补 C 补偿模式。

⑦ 在程序结束前必须指定 G40 取消偏置模式。否则，再次执行时刀具轨迹偏离一个刀尖半径值。

⑧ 在主程序和子程序中使用刀尖半径补偿，在调用子程序前（即执行 M98 前），CNC 必须在补偿取消模式，在子程序中再次建立刀补 C。

⑨ G71、G72、G73、G74、G75、G76 指令不执行刀尖半径补偿，暂时撤消补偿模式。

⑩ G90 、G94 指令在执行刀尖半径补偿，无论是 G41 还是 G42 都一样偏移一个刀尖半径（按假想刀尖 0 号）进行切削。

任务实施

一、任务实施内容及步骤

（一）布置任务，学生分组

根据项目任务的要求，布置各小组的具体任务，并根据设备数量将学生分成若干小组。

（二）小组具体实施步骤

1. 利用数控仿真系统先进行仿真操作

（1）加工工艺分析

毛坯直径：$\phi30\text{mm}$。

该零件表面由圆柱、圆锥、及圆弧等表面组成。轮廓轨迹由 $O—A—B—C—D—E$ 组成。

（2）刀具及装夹方式

刀具：1 号刀为 90° 外圆刀；4 号刀为切断刀，刀位点在左刀尖，刀宽为 4mm；

装夹：采用三爪自定心卡盘，伸出 80mm。

（3）确定加工路线

① 设置工件原点：定在工件右端面中心。

② 取 1 号刀粗车各外表面，并留 0.3mm 精车余量。

③ 用 1 号刀精车外圆至尺寸要求，退回换刀点。

④ 换 4 号刀，并切断工件。

（4）数值计算

以编程原点定在工件右端面的中心线上为例来计算并确定各基点的坐标值，见表 8-2。

表 8-2　　　　　　　　　　　　　基点的坐标值

点	X 坐标	Z 坐标
O	0	0
A	16	-8
B	20	-23
C	20	-34
D	28	-38
E	28	-48

（5）程序编制

（6）加工操作

① 输入程序并检查修改。

② 对刀并设置工件原点。

③ 单步加工，试切削，测量并修改参数。

④ 自动运行加工。

2．教师检测学生仿真情况并集中进行讲评

3．学生在实际机床上按上述操作重复一次

（三）小组小结任务实施情况

各小组经讨论后，选出一名代表小结任务实施情况并展示本组制定的工艺卡。

（四）完成工作任务书

组员单独完成，组内交互检查，交教师评阅。

（五）评价反馈与考核

教师组织学生进行自评，互评与单独抽查考核，作为学生考核成绩。并对学生存在的普遍问题进行强化。

二、注意事项

① 操作数控车床时应确保安全，包括人身和设备的安全。

② 禁止多人同时操作机床。

③ 禁止让机床在同一方向连续"超程"。

④ 工件、刀具要夹紧、夹牢。

⑤ 选择换刀时，要注意安全位置。

参考程序

序 号	程 序	注 释
	O0001；	程序名
N10	G50 X100 Z100；	用 G50 建立工件坐标系 也可以采用直接对刀的方式直接建立工件坐标系，此时该程序段不用
N20	M03 S600；	正转，转速 600r/min
N30	T0101；	换 1 号刀
N40	G0 X32 Z2；	快速移动到起刀点
N50	G01 X0 F100；	加工端面
N60	G01 X30 Z2 F100；	快速移动到粗加工循环起点
N70	G71 U2 R1；	粗加工循环
N80	G71 P90 Q160 U0.3 W0.2 F100；	
N90	G00 X0；	描述零件粗加工轮廓形状
N100	G01 Z0 F100；	
N120	G03 X16 Z-8 R8 F100；	
N130	G01 X20 Z-23 F100；	
N140	Z-34 F100；	
N150	G02 X28 Z-38 R4 F100；	
N160	G01 Z-49 F100；	
N170	/G00 X100 Z100；	选择性退刀，当不需要测量尺寸时可跳跃不执行
N180	M01；	选择停，可用来测量尺寸
N190	M03 S900 T0101；	正转，转速 900r/min，换 1 号刀
N200	G00 X30 Z2；	快速移动到精加工循环起点
N210	G70 P90 Q160；	精加工
N220	G0 X100 Z100；	退刀
N230	M01；	选择停，可用来测量尺寸
N240	M03 S400 T0404；	正转，转速 400r/min，换 4 号刀
N250	G00 X32 Z-52；	快速移动到切断起点
N260	G01 X-1 F100；	切断
N270	G00 X100 Z100；	退刀
N280	T0100；	取消刀补
N290	M05；	主轴停
N300	M30；	程序结束

考核与评价

序号	项目	检测内容	配分	评分标准	实测	得分
1	外圆	ϕ28mm	10	超差 0.02mm 扣 2 分，表面粗糙度降一级扣 1 分		
2		ϕ20 mm	10			
3	圆弧	D_3、D_4	20	达不到尺寸要求不得分		
4		R8mm\R4mm	15			
5	长度	23mm	10	超差不得分		
6		38mm	10			
7		48mm	10	达不到尺寸要求不得分		
8	表面粗糙度	1 处	5	每降低一个等级扣 2 分		
9		各处	10	违规程每次扣 3 分		
10	文明生产	发生事故记 0 分，违规程每次扣 3 分				

考试时间	材料规格	名称
记时	加工工时	图号
监考		
检验		
评分		

图中尺寸：R8、8、23、38、48、$\phi 20_{-0.033}^{0}$、$\phi 28_{-0.039}^{0}$、R5、$\sqrt{Ra3.2}$、$\sqrt{1.6}$（B、C、D）、A、E、O

学习任务书

项目任务书——车削圆弧面

编号：XM-08

专　业		班　级			
姓　名		学　号		组　别	
实训时间		指导教师		成　绩	

一、工艺路线确定

　

二、刀具卡

零件名称			零件图号	
刀具序号	刀具规格及名称	数　量	加工内容	备　注
1				
2				
3				
4				
5				

三、工序卡

零件名称				零件图号	
工序号		夹　具		使用设备	
设备号		量　具		材料	
工步号	工步内容	刀具号	主轴转速	进给速度	背吃刀量
1					
2					
3					
4					
5					
6					
7					
8					
9					
10					

四、加工程序

序号	程序内容	注释

序号	程序内容	注释

五、学生课后练习（编程）

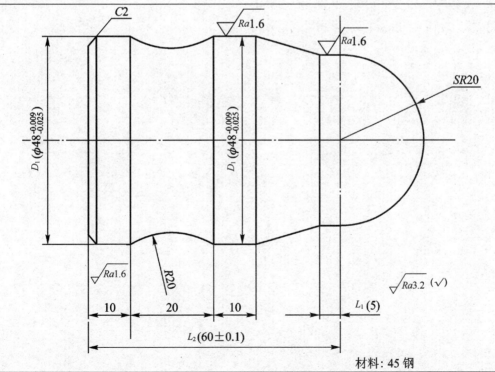

材料：45 钢

数控车削加工技术

六、实训小结（出现的问题及解决的办法）

七、教师评定

教师签名：

日期：　　　年　　　月　　　日

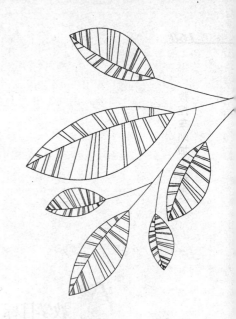

项目九

车槽与切断

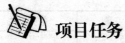 项目任务

加工一根圆柱销，零件图如图 9-1 所示。

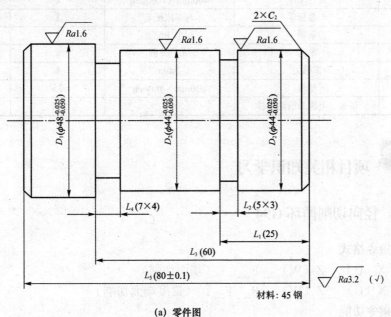

材料：45 钢

(a) 零件图

图 9-1　短轴

(b) 立体图

图 9-1　短轴（续）

 **教学目标**

1. 学习 G94、G72、G75 指令的应用。
2. 学习多把刀的对刀方法。
3. 掌握利用数控车加工环槽的工艺设计。
4. 熟悉零件精度的控制方法。

 项目设备清单

序　号	名　　称	规　　格	数　　量	备　注
1	数控仿真系统	980T 系列	35	
2	多媒体电脑	P4 以上配置	35	
3	数控车床	400mm×1000mm	8	GSK980TD
4	卡盘扳手	与车床配套	8	
5	刀架扳手	与车床配套	8	
6	车刀	90°外圆	8	
7	车槽刀	5mm	8	
8	材料	ϕ30mm×100mm	35	45 钢
9	油壶、毛刷及清洁棉纱		若干	

 项目相关知识学习

一、径向切削循环 G94

1. 指令格式

G94 X（U）__ Z（W）__ F__；　（端面切削）

G94 X（U）__ Z（W）__ R__ F__；　（锥度端面切削）

2. 指令功能

从切削点开始，轴向（Z 轴）进刀、径向（X 轴或 X、Z 轴同时）切削，实现端面或锥

面切削循环，指令的起点和终点相同。

3．指令说明

G94 为模态指令。

切削起点：直线插补（切削进给）的起始位置，单位为 mm。

切削终点：直线插补（切削进给）的结束位置，单位为 mm。

X：切削终点 X 轴绝对坐标，单位为 mm。

U：切削终点与起点 X 轴绝对坐标的差值，单位为 mm；

Z：切削终点 Z 轴绝对坐标，单位为 mm。

W：切削终点与起点 Z 轴绝对坐标的差值，单位为 mm。

R：切削起点与切削终点 Z 轴绝对坐标的差值，当 R 与 U 的符号不同时，要求｜R｜≤｜W｜，径向直线切削如图 9-2 所示，径向锥度切削如图 9-3 所示，单位为 mm。

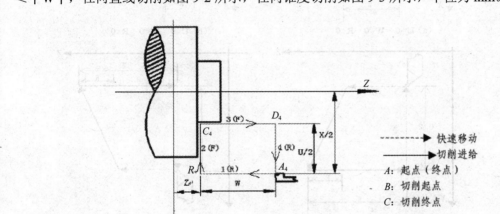

图 9-2 径向直线切削

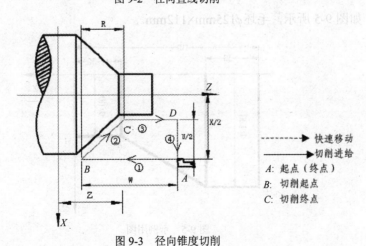

图 9-3 径向锥度切削

4．循环过程

① Z 轴从起点快速移动到切削起点。

② 从切削起点直线插补（切削进给）到切削终点。

③ Z 轴以切削进给速度退刀（与①方向相反），返回到 Z 轴绝对坐标与起点相同处。

④ X 轴快速移动返回到起点，循环结束。

指令轨迹：U、W、R 反应切削终点与起点的相对位置，U、W、R 在符号不同时组合的刀具轨迹，如图 9-4 所示。

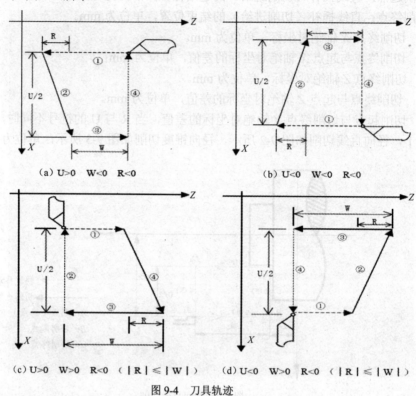

(a) U>0 W<0 R<0   (b) U<0 W<0 R<0

(c) U>0 W>0 R<0 （|R|≤|W|）   (d) U<0 W>0 R<0 （|R|≤|W|）

图 9-4　刀具轨迹

示例：如图 9-5 所示，毛坯 ϕ125mm×112mm。

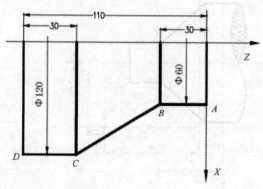

图 9-5　示例用图

5. 固定循环指令的注意事项

① 在固定循环指令中，X（U）、Z（W）、R 一经执行，在没有执行新的固定循环指令重新给定 X（U）、Z（W）、R 时，X（U）、Z（W）、R 的指令值保持有效。如果执行了除 G04 以外的非模态（00 组）G 指令或 G00、G01、G02、G03、G32 时，X（U）、

Z（W）、R保持的指令值被清除。

程序编制如下。

O0003；

G00 X130 Z5 M3 S1；

G94 X0 Z0 F200

X120 Z-110 F300；   端面切削

G00 X120 Z0   （外圆 Φ120mm 切削）

G94 X108 Z-30 R-10

X96 R-20

X84 R-30   （C→B→A，Φ60mm 切削）

X72 R-40

X60 R-50

M30；

② 在录入方式下执行固定循环指令时，运行结束后，必须重新输入指令才可以进行和前面同样的固定循环。

③ 在固定循环 G90～G94 指令的下一个程序段紧跟着使用 M、S、T 指令，G90～G94 指令不会多执行循环一次；下一程序段只有 EOB（；）的程序段时，则固定循环会重复执行前一次循环动作。

例：

…

N010 G90 X20.0 Z10.0 F400；

N011 ；（此处重复执行 G90 一次）

…

④ 在固定循环 G90、G94 指令中，执行暂停或单段的操作，运动到当前轨迹终点后单段停止。

二、径向粗车循环 G72

1. 指令格式

G72 W△d R（e） F __ S __ T__；   （1）

G72 P（ns） Q（nf） U△u W（△w）   （2）

N__（ns）......；

......；

....F；

....S；   （3）

....；

.

N__（nf）......；

2．指令意义

G72指令分为以下三个部分。

（1）给定粗车时的切削量、退刀量和切削速度、主轴转速、刀具功能的程序段。

（2）给定定义精车轨迹的程序段区间、精车余量的程序段。

（3）定义精车轨迹的若干连续的程序段，执行G72时，这些程序段仅用于计算粗车的轨迹，实际并未被执行。

系统根据精车轨迹、精车余量、进刀量、退刀量等数据自动计算粗加工路线，沿与Z轴平行的方向切削，通过多次进刀→切削→退刀的切削循环完成工件的粗加工，G72的起点和终点相同。本指令适用于非成形毛坯（棒料）的成形粗车。

3．相关定义

精车轨迹：由指令的第（3）部分（$ns \sim nf$ 程序段）给出的工件精加工轨迹，精加工轨迹的起点（即 ns 程序段的起点）与G72的起点、终点相同，简称 A 点；精加工轨迹的第一段（ns 程序段）只能是 Z 轴的快速移动或切削进给，ns 程序段的终点简称 B 点；精加工轨迹的终点（nf 程序段的终点）简称 C 点。精车轨迹为 A 点→B 点→C 点。

粗车轮廓：精车轨迹按精车余量（Δu、Δw）偏移后的轨迹，是执行 G72 形成的轨迹轮廓。精加工轨迹的 A、B、C 点经过偏移后对应粗车轮廓的 A'、B'、C' 点，G72 指令最终的连续切削轨迹为 B' 点→C' 点。

Δd：粗车时 Z 轴的切削量，取值范围 0.001～99.999（单位：mm），无符号，进刀方向由 ns 程序段的移动方向决定。W（Δd）执行后，指令值 Δd 保持，并把数据参数 NO.051 的值修改为 $\Delta d \times 1000$（单位为 0.001mm）。未输入 W（Δd）时，以数据参数 NO.051 的值作为进刀量。

e：粗车时 Z 轴的退刀量，取值范围 0.001～99.999（单位为 mm），无符号，退刀方向与进刀方向相反，R（e）执行后，指令值 e 保持，并把数据参数 NO.052 的值修改为 $e \times 1000$（单位为 0.001 mm）。未输入 R（e）时，以数据参数 NO.052 的值作为退刀量。

ns：精车轨迹的第一个程序段的程序段号。

nf：精车轨迹的最后一个程序段的程序段号。

Δu：粗车时 X 轴留出的精加工余量，取值范围 -99.999～99.999（粗车轮廓相对于精车轨迹的 X 轴坐标偏移，即：A' 点与 A 点 X 轴绝对坐标的差值，单位为 mm，直径，有符号）。

Δw：粗车时 Z 轴留出的精加工余量，取值范围 -99.999～99.999（粗车轮廓相对于精车轨迹的 Z 轴坐标偏移，即：A' 点与 A 点 Z 轴绝对坐标的差值，单位为 mm，有符号）。

F：切削进给速度；S：主轴转速；T：刀具号、刀具偏置号。

M、S、T、F：可在第一个G72指令或第二个G72指令中，也可在 $ns \sim nf$ 程序中指定。在 G72 循环中，$ns \sim nf$ 间程序段号的 M、S、T、F 功能都无效，仅在有 G70 精车循环的程序段中才有效。

指令执行过程如图9-6所示。

① 从起点 A 点快速移动到 A' 点，X 轴移动 Δu、Z 轴移动 Δw。

② 从 A' 点 Z 轴移动 Δd（进刀），ns 程序段是 G0 时按快速移动速度进刀，ns 程序段是 G1 时按 G72 的切削进给速度 F 进刀，进刀方向与 A 点→B 点的方向一致。

③ X 轴切削进给到粗车轮廓，进给方向与 B 点→C 点 X 轴坐标变化一致。

④ X 轴、Z 轴按切削进给速度退刀 e（45°直线），退刀方向与各轴进刀方向相反。

⑤ X 轴以快速移动速度退回到与 A'点 Z 轴绝对坐标相同的位置。

⑥ 如果 Z 轴再次进刀($\Delta d+e$)后，移动的终点仍在 A'点→B'点的连线中间（未达到或超出 B'点），Z 轴再次进刀($\Delta d+e$)，然后执行③；如果 Z 轴再次进刀($\Delta d+e$)后，移动的终点到达 B'点或超出了 A'点→B'点的连线，Z 轴进刀至 B'点，然后执行⑦。

⑦ 沿粗车轮廓从 B'点切削进给至 C'点；

⑧ 从 C'点快速移动到 A 点，G72 循环执行结束，程序跳转到 nf 程序段的下一个程序段执行。

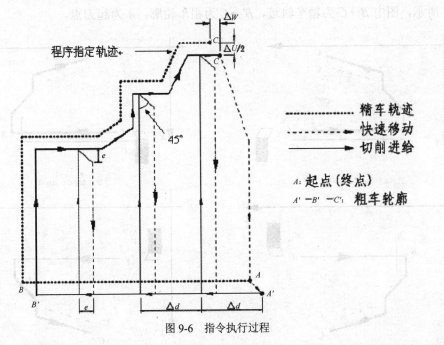

图 9-6　指令执行过程

4. 指令说明

- *ns～nf* 程序段必须紧跟在 G72 程序后编写。如果在 G72 程序段前编写，系统自动搜索到 *ns～nf* 程序段并执行，执行完成后，按顺序执行 *nf* 程序段的下一程序，因此会引起重复执行 *ns～nf* 程序段。

- 执行 G72 时，*ns～nf* 程序段仅用于计算粗车轮廓，程序段并未被执行。*ns～nf* 程序段中的 F、S、T 指令在执行 G72 循环时无效，此时 G72 程序段的 F、S、T 指令有效。执行 G70 精加工循环时，*ns～nf* 程序段中的 F、S、T 指令有效。

- *ns* 程序段只能是不含 X（U）指令字的 G00、G01 指令，否则报警。

- 精车轨迹（*ns～nf* 程序段），X 轴、Z 轴的尺寸都必须是单调变化（一直增大或一直减小）。

- *ns～nf* 程序段中，只能有 G 功能：G00、G01、G02、G03、G04、G96、G97、G98、G99、G40、G41、G42 指令；不能有子程序调用指令（如 M98/M99）。

- G96、G97、G98、G99、G40、G41、G42 指令在执行 G71 循环中无效，执行 G70 精加工循环时有效。

• 在 G72 指令执行过程中，可以停止自动运行并手动移动，但要再次执行 G72 循环时，必须返回到手动移动前的位置。如果不返回就继续执行，后面的运行轨迹将错位。

• 执行进给保持、单程序段的操作，在运行完当前轨迹的终点后程序暂停。

• Δd、Δw 都用同一地址 W 指定，其区分是根据该程序段有无指定 P，Q 指令字。

• 在同一程序中需要多次使用复合循环指令时，$ns \sim nf$ 不允许有相同程序段号。

• 在录入方式中不能执行 G72 指令，否则产生报警。

留精车余量时坐标偏移方向如图 9-7 所示。

Δu、Δw 反应了精车时坐标偏移和切入方向，按 Δu、Δw 的符号有四种不同组合，如图 9-7 所示，图中 $B \rightarrow C$ 为精车轨迹，$B' \rightarrow C'$ 为粗车轮廓，A 为起刀点。

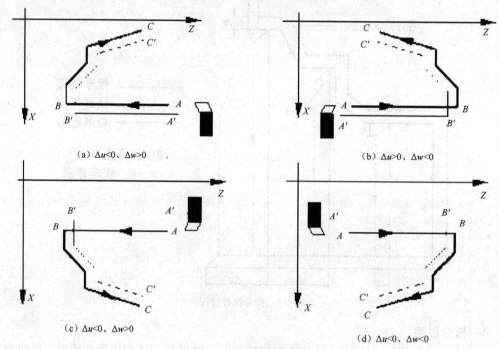

（a）$\Delta u<0$、$\Delta w>0$ （b）$\Delta u>0$、$\Delta w<0$

（c）$\Delta u<0$、$\Delta w>0$ （d）$\Delta u<0$、$\Delta w<0$

图 9-7 坐标偏移方向

零件加工示例如图 9-8 所示。

程序编制如下。

O0005;

G00 X176 ZO0 M03 S500;   （换 2 号刀，执行 2 号刀偏，主轴正转，转速 500r/min）

G72 W2.0 R0.5 F300;   （进刀量 2mm，退刀量 0.5mm）

G72 P10 Q20 U0.2 W0.1   （对 $a \rightarrow d$ 粗车，X 留 0.2mm，Z 留 0.1mm 余量）

N10 G00 Z-55 S800;   （快速移动）

G01 X160 F120;   （进刀至 a 点）

X80 W20;   （加工 $a \rightarrow b$）

W15;   （加工 $b \rightarrow c$）   精加工路线程序段

N20 X40 W20;   （加工 $c \rightarrow d$）

G70 P050 Q090 M30;   （精加工 $a \rightarrow d$）

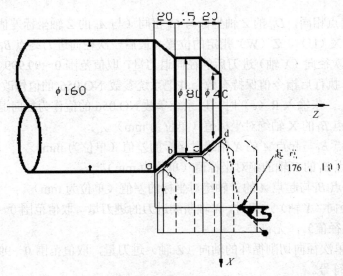

图 9-8 零件加工示例

三、径向切槽多重循环 G75

1．指令格式
G75 R_(e) ；
G75 X（U） Z（W） P（△i） Q（△k） R（△d） F；

2．指令意义
轴向（Z 轴）进刀循环复合径向断续切削循环：从起点径向（X 轴）进给、回退、再进给……直至切削到与切削终点 X 轴坐标相同的位置，然后轴向退刀、径向回退至与起点 X 轴坐标相同的位置，完成一次径向切削循环；轴向再次进刀后，进行下一次径向切削循环；切削到切削终点后，返回起点（G75 的起点和终点相同），径向车槽复合循环完成。G75 的轴向进刀和径向进刀方向由切削终点 X（U）、Z（W）与起点的相对位置决定，此指令用于加工径向环形槽或圆柱面，径向断续切削起到断屑、及时排屑的作用。

3．相关定义
径向切削循环起点：每次径向切削循环开始径向进刀的位置，表示为 A_n（n=1,2,3···），A_n 的 X 轴坐标与起点 A 相同，A_n 与 A_{n-1} 的 Z 轴坐标的差值为 △k。第一次径向切削循环起点 A_1 与起点 A 为同一点，最后一次径向切削循环起点（表示为 A_f）的 Z 轴坐标与切削终点相同。

径向进刀终点：每次径向切削循环径向进刀的终点位置，表示为 B_n（n=1,2,3···），B_n 的 X 轴坐标与切削终点相同，B_n 的 Z 轴坐标与 A_n 相同，最后一次径向进刀终点（表示为 B_f）与切削终点为同一点。

轴向退刀终点：每次径向切削循环到达径向进刀终点后，轴向退刀（退刀量为 △d）的终点位置，表示为 C_n(n=1,2,3…)，C_n 的 X 轴坐标与切削终点相同，C_n 与 A_n 的 Z 轴坐标的差值为 △d。

径向切削循环终点：从轴向退刀终点径向退刀的终点位置，表示为 D_n（n=1,2,3···），D_n

的 X 轴坐标与起点相同，D_n 的 Z 轴坐标与 C_n 相同（与 A_n 的 Z 轴坐标差值为 Δd）。

切削终点：X（U）、Z（W）指定的位置，最后一次径向进刀终点 B_f。

R（e）：每次径向（X 轴）进刀后的径向退刀量，取值范围 0～99.999（单位为 mm），无符号。R（e）执行后指令值保持有效，并把系统参数 NO.056 的值修改为 $e \times 1000$（单位为 0.001 mm）。未输入 R（e）时，以系统参数 NO.056 的值作为径向退刀量。

X：切削终点 B_f 的 X 轴绝对坐标值（单位为 mm）。

U：切削终点 B_f 与起点 A 的 X 轴绝对坐标的差值（单位为 mm）。

Z：切削终点 B_f 的 Z 轴的绝对坐标值（单位为 mm）。

W：切削终点 B_f 与起点 A 的 Z 轴绝对坐标的差值（单位为 mm）。

P（Δi）：径向（X 轴）进刀时，X 轴断续进刀的进刀量，取值范围 0～9999999（单位为 0.001mm，半径值），无符号。

Q（Δk）：单次径向切削循环的轴向（Z 轴）进刀量，取值范围 0～9999999（单位为 0.001mm），无符号。

R（Δd）：切削至径向切削终点后，轴向（Z 轴）的退刀量，取值范围 0～99.999（单位为 mm），无符号。

省略 R（Δd）时，系统默认径向切削终点后，轴向（Z 轴）的退刀量为 0。

省略 Z（W）和 Q（Δk），默认往正方向退刀。

指令执行过程如图 9-9 所示。

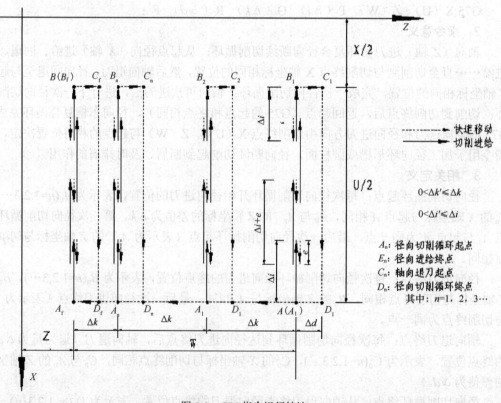

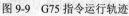

图 9-9 G75 指令运行轨迹

① 从径向切削循环起点 A_n 径向（X 轴）切削进给△i，切削终点 X 轴坐标小于起点 X 轴坐标时，向 X 轴负向进给，反之则向 X 轴正向进给。

② 径向（X 轴）快速移动退刀 e，退刀方向与①进给方向相反。

③ 如果 X 轴再次切削进给（△$i+e$），进给终点仍在径向切削循环起点 A_n 与径向进刀终点 B_n 之间，X 轴再次切削进给（△$i+e$），然后执行②；如果 X 轴再次切削进给（△$i+e$）后，进给终点到达 B_n 点或不在 A_n 与 B_n 之间，X 轴切削进给至 B_n 点，然后执行④。

④ 轴向（Z 轴）快速移动退刀 △d 至 C_n 点，B_f 点（切削终点）的 Z 轴坐标小于 A 点（起点）Z 轴坐标时，向 Z 轴正向退刀，反之则向 Z 轴负向退刀。

⑤ 径向（X 轴）快速移动退刀至 D_n 点，第 n 次径向切削循环结束。如果当前不是最后一次径向切削循环，执行⑥；如果当前是最后一次径向切削循环，执行⑦。

⑥ 轴向（Z 轴）快速移动进刀，进刀方向与④退刀方向相反。如果 Z 轴进刀（△$d+$△k）后，进刀终点仍在 A 点与 A_f 点（最后一次径向切削循环起点）之间，Z 轴快速移动进刀（△$d+$△k），即：$D_n→A_{n+1}$，然后执行①（开始下一次径向切削循环）；如果 Z 轴进刀（△$d+$△k）后，进刀终点到达 A_f 点或不在 D_n 与 A_f 点之间，Z 轴快速移动至 A_f 点，然后执行①，开始最后一次径向切削循环。

⑦ Z 轴快速移动返回到起点 A，G75 指令执行结束。

4．指令说明

● 循环动作是由含 X（U）和 P（△i）的 G75 程序段进行的，如果仅执行"G75 R（e）；"程序段，循环动作不进行。

● △d 和 e 均用同一地址 R 指定，其区别是根据程序段中有无 X（U）和 P（△i）指令字。

● 在 G75 指令执行过程中，可使自动运行停止并手动移动，但要再次执行 G75 循环时，必须返回到手动移动前的位置。如果不返回就再次执行，后面的运行轨迹将错位。

● 执行进给保持、单程序段的操作，在运行完当前轨迹的终点后程序暂停。

● 进行切槽循环时，必须省略 R（△d）指令字，因在切削至径向切削终点无退刀距离。

零件加工示例如图 9-10 所示。

程序编制如下。

O0008；

G00 X150 Z50 M3 S500；　（启动主轴，置转速 500r/min）

G0 X125 Z-20；　（定位到加工起点）

G75 R0.5 F150；　（加工循环）

G75 X40 Z-50 P6000 Q3000；　（X 轴每次进刀 6mm，退刀 0.5mm，进给到终点 X40 后，快速返回到起点 X125，Z 轴进刀 3mm，循环以上步骤继续运行）

G0 X150 Z50；　（返回到加工起点）

M30；　（程序结束）

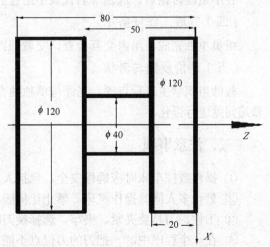

图 9-10　零件加工示例

任务实施

一、任务实施内容及步骤

（一）布置任务，学生分组

根据项目任务的要求，布置各小组的具体任务，并根据设备数量将学生分成若干小组。

（二）小组具体实施步骤

1. 利用数控仿真系统先进行仿真操作

（1）加工工艺分析。

① 选择刀具。90°偏刀，刀具号 T0101；车槽刀，刀具号 T0303，刀宽 5mm，以左尖为刀位点。

② 加工路线。

a. 粗车。ϕ48mm×80mm→ϕ44mm×60mm。

b. 精车。倒角→ϕ44mm×60mm→ϕ48mm×20mm。

c. 车 5mm×3mm 窄槽→车 7mm×4mm 宽槽→切左侧倒角→切断。

（2）程序编制

（3）加工操作

① 输入程序并检查修改。

② 对刀并设置工件原点。

③ 单步加工，试切削，测量并修改参数。

④ 自动运行加工。

2. 教师检测学生仿真情况并集中进行讲评

3. 学生在实际机床上按上述操作重复一次

（三）小组小结任务实施情况

各小组经讨论后，选出一名代表小结任务实施情况并展示本组制定的工艺卡。

（四）完成工作任务书

组员单独完成，组内交互检查，交教师评阅。

（五）评价反馈与考核

教师组织学生进行自评，互评与单独抽查考核，作为学生考核成绩。并对学生存在的普遍问题进行强化。

二、注意事项

① 操作数控车床时应确保安全，包括人身和设备的安全。

② 禁止多人同时操作机床。禁止让机床在同一方向连续"超程"。

③ 工件、刀具要夹紧、夹牢，选择换刀时，要注意安全位置。

④ 在一个程序中，一把刀的刀位点不能更改。

⑤ 车槽时主轴的转速、进给量降到外圆粗加工的一半左右。

参考程序

O13;
N010 T0101;
N020 G99 M03 S600;
N030 M08;
N040 G00 X48.5 Z2;
N050 G01 Z-85 F0.25;
N060 G00 X50 Z2;
N070 X44.5;
N080 G01 Z-60;
N090 G00 X46 Z2;
N100 X0;
N110 G01 Z0 S1000;
N120 X40 F0.1;
N130 X43.96 Z-2;
N140 Z-60;
N150 X47.96;
N160 Z-85;
N170 G00 X200 Z100;
N180 M09;
N190 T0303 S300;
N200 M08;
N210 G00 X45 Z-25;
N220 G01 X38 F0.12;
N230 G04 U2.0;
N240 G01 X45;
N250 G00 Z-60;
N260 G01 X36;
N270 X45;
N280 G00 Z-58;
N290 G01 X36;
N300 Z-60;
N310 X45;
N320 G00 X51;
N330 Z-85;
N340 G01 X44;
N350 X48 Z-83;
N360 G00 Z-85;
N370 G01 X10 F0.05;
N380 G00 X200;
N390 Z100;
N400 M30;

 **考核与评价**

圆柱销评分表

序号	项目	检测内容	配分	评分标准	实测	得分
1	外圆	D_1	10	超差 0.02mm 扣 2 分，表面粗糙度降一级扣 1 分		
2	外圆	D_2	10			
3	外圆	D_3	20			
4	槽 7mm×4mm, 5mm×3mm	宽度与深度	15	达不到尺寸要求不得分		
5	长度	L_1	10	超差不得分		
6	长度	L_3	10			
7	长度	L_5	10			
8	倒尖	2 处	5	达不到尺寸要求不得分		
9	表面粗糙度	各处	10	每降低一个等级扣 2 分		
10	文明生产			发生事故记 0 分，违规程每次扣 3 分		

考试时间		材料规格		
记时		加工工时		检验
监考		名称		评分
		图号		

$2 \times C_2$

$Ra1.6$

$D_2 (\phi 44^{~0}_{-0.050})$

$L_2 (5 \times 3)$

$L_1 (25)$

$Ra1.6$

$D_2 (\phi 44^{~0}_{-0.050})$

$L_4 (7 \times 4)$

$L_3 (60)$

$L_5 (80 \pm 0.1)$

$Ra1.6$

$D_1 (\phi 48^{~0}_{-0.050})$

$1.6 \sqrt{\quad} Ra3.2 (\sqrt{\quad})$

材料：45 钢

学习任务书

项目任务书——车槽与切断

编号：XM-09

专 业		班 级			
姓 名		学 号		组 别	
实训时间		指导教师		成 绩	

一、工艺路线确定

二、刀具卡

零件名称			零件图号		
刀具序号	刀具规格及名称	数 量	加工内容		备 注
1					
2					
3					
4					
5					

三、工序卡

零件名称			零件图号		
工序号		夹 具		使用设备	
设备号		量 具		材 料	
工步号	工步内容	刀具号	主轴转速	进给速度	背吃刀量
1					
2					
3					
4					
5					
6					
6					
7					
8					
9					
10					

四、加工程序

序号	程序内容	注释

数控车削加工技术

四、加工程序

序　号	程序内容	注　释

续表

五、学生课后练习（编程）

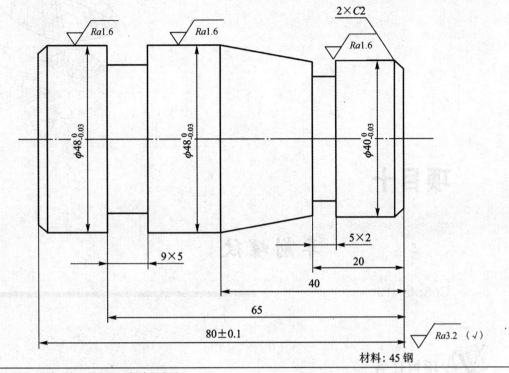

材料：45 钢

六、实训小结（出现的问题及解决的办法）

七、教师评定

教师签名：

日期：　　　年　　　月　　　日

项目十

车削螺纹

Chapter 10

项目任务

加工一根螺纹轴，零件图如图 10-1 所示。

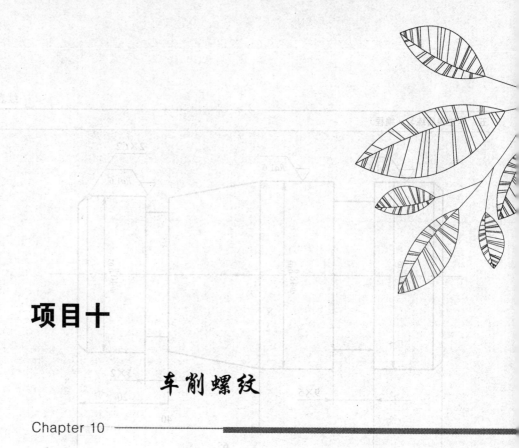

（a）零件图

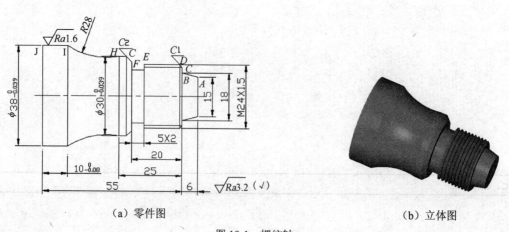

（b）立体图

图 10-1　螺纹轴

教学目标

1. 学习掌握 G32、G33、G34、G92、G76 指令的应用。

2. 巩固学习程序管理操作。
3. 掌握数控车加工螺纹的工艺设计。
4. 熟悉螺纹的相关参数的检测方法。

 项目设备清单

序　号	名　称	规　格	数　量	备　注
1	数控仿真系统	980T 系列	35	
2	多媒体电脑	P4 以上配置	35	
3	数控车床	400mm×1000mm	8	GSK980TD
4	卡盘扳手	与车床配套	8	
5	刀架扳手	与车床配套	8	
6	车刀	90°外圆	8	
7	螺纹车刀		8	
8	切槽刀	5 mm	8	
9	材料	ϕ30mm、长 100mm	35	45 号钢
10	油壶、毛刷及清洁棉纱		若干	

 项目相关知识学习

螺纹切削指令

GSK980TD 具有多种螺纹切削功能，可加工英制/公制的单线、多线、变螺距螺纹与攻螺纹循环，螺纹退尾长度、角度可变，多重循环螺纹切削可单边切削，保护刀具，降低表面粗糙度值。螺纹功能包括：连续螺纹切削指令 G32、变螺距螺纹切削指令 G34、攻螺纹循环切削指令 G33、螺纹循环切削指令 G92、螺纹多重循环切削指令 G76。

使用螺纹切削功能机床必须安装主轴编码器，由 NO.070 号参数设置主轴编码器线数，NO.110、NO.111 号参数设置主轴与编码器的传动比。切削螺纹时，系统收到主轴编码器一转信号才移动 X 轴或 Z 轴、开始螺纹加工，因此只要不改变主轴转速，可以分粗车、精车多次切削完成同一螺纹的加工。

GSK980TD 具有的多种螺纹切削功能可用于加工没有退刀槽的螺纹，但由于在螺纹切削的开始及结束部分 X 轴、Z 轴有加减速过程，此时的螺距误差较大，因此仍需要在实际的螺纹起点与结束时留出螺纹引入长度与退刀的距离。

在螺纹螺距确定的条件下，螺纹切削时 X 轴、Z 轴的移动速度由主轴转速决定，与切削进给速度倍率无关。螺纹切削时主轴倍率控制有效，主轴转速发生变化时，由于 X 轴、Z 轴加减速的原因会使螺距产生误差，因此，螺纹切削时不要进行主轴转速调整，更不要停止主轴，主轴停止将导致刀具和工件损坏。

一、等螺距螺纹切削指令 G32

1．指令格式

G32 X(U)_ Z(W)_ F(I)_ J_ K_ Q_ ;

2．指令功能

刀具的运动轨迹是从起点到终点的一条直线，如图 10-2 所示；从起点到终点位移量（X 轴按半径值）较大的坐标轴称为长轴，另一个坐标轴称为短轴，运动过程中主轴每转一圈长轴移动一个导程，短轴与长轴作直线插补，刀具切削工件时，在工件表面形成一条等螺距的螺旋切槽，实现等螺距螺纹的加工。F、I 指令字分别用于给定公制、英制螺纹的螺距，执行 G32 指令可以加工公制或英制等螺距的直螺纹、锥螺纹和端面螺纹和连续的多段螺纹加工。

3．指令说明

G32 为模态 G 指令。

螺纹的螺距是指主轴转一圈长轴的位移量（X 轴位移量则按半径值）。

起点和终点的 X 坐标值相同（不输入 X 或 U）时，进行直螺纹切削。

起点和终点的 Z 坐标值相同（不输入 Z 或 W）时，进行端面螺纹切削。

起点和终点 X、Z 坐标值都不相同时，进行锥螺纹切削。

F：公制螺纹螺距，为主轴转一圈长轴的移动量，取值范围 0.001～500mm，F 指令值执行后保持有效，直至再次执行给定螺纹螺距的 F 指令字。

I：每英寸螺纹的牙数，为长轴方向 1in（25.4mm）长度上螺纹的牙数，也可理解为长轴移动 1in（25.4mm）时主轴旋转的圈数。取值范围 0.06～25400 牙/in，I 指令值执行后保持有效，直至再次执行给定螺纹螺距的 I 指令字。

J：螺纹退尾时在短轴方向的移动量（退尾量），取值范围-9999.999～9999.999(单位：mm)，带正负方向；如果短轴是 X 轴，该值为半径指定；J 值是模态参数。

K：螺纹退尾时在长轴方向的长度。取值范围 0～9999.999（单位：mm），如果长轴是 X 轴，则该值为半径指定；不带方向；K 值是模态参数。

Q：起始角，指主轴一转信号与螺纹切削起点的偏移角度。取值范围 0～360000（单位：0.001°）。Q 值是非模态参数，每次使用都必须指定，如果不指定就认为是 0°。

4．Q 使用规则

1）如果不指定 Q，即默认起始角为 0°；

2）对于连续螺纹切削，除第一段的 Q 有效外，后面螺纹切削段指定的 Q 无效，即使定义了 Q 也被忽略；

3）由起始角定义分度形成的多头螺纹总头数不超过 65535 头。

4）Q 的单位为 0.001°，若与主轴一转信号偏移 180°，程序中需输入 Q180000，如果输入的为 Q180 或 Q180.0，均认为是 0.18°。

长轴、短轴的判断方法如图 10-2 所示。

5．注意事项

● J、K 是模态指令，连续螺纹切削时下一程序段省略 J、K 时，按前面的 J、K 值进

行退尾，在执行非螺纹切削指令时取消 J、K 模态。

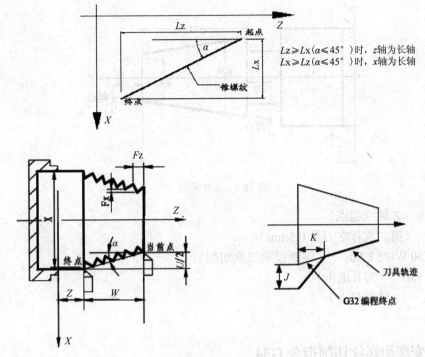

Lz≥Lx(α≤45°)时，z轴为长轴
Lx≥Lz(α≤45°)时，x轴为长轴

图 10-2　G32 轨迹

- 省略 J 或 J、K 时，无退尾；省略 K 时，按 K=J 退尾。
- J=0 或 J=0、K=0 时，无退尾。
- J≠0、K=0 时，按 J=K 退尾。
- J=0、K≠0 时，无退尾。
- 当前程序段为螺纹切削，下一程序段也为螺纹切削，在下一程序段切削开始时不检测主轴位置编码器的一转信号，直接开始螺纹加工，此功能可实现连续螺纹加工。
- 执行进给保持操作后，系统显示"暂停"、螺纹切削不停止，直到当前程序段执行完才停止运动；如为连续螺纹加工则执行完螺纹切削程序段才停止运动，程序运行暂停。
- 在单段运行，执行完当前程序段停止运动，如为连续螺纹加工则执行完螺纹切削程序段才停止运动。
- 系统复位、急停或驱动报警时，螺纹切削减速停止。

6. 示例

螺纹螺距 2mm。δ_1=3mm，δ_2=2mm，总切深 2mm，分两次切入，如图 10-3 所示。

程序编制如下。

O0009；

G00 X28 Z3；　（第一次背吃入量 1mm）

G32 X51 W-75 F2.0；　（锥螺纹第一次切削）

G00 X55；　（刀具退出）

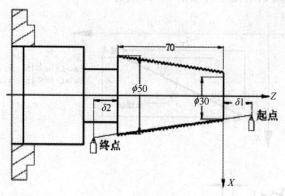

图 10-3　零件示例

W75；　（Z 轴回起点）

X27；　（第二次背吃刀量 0.5mm）

G32 X50 W-75 F2.0；　（锥螺纹第二次切削）

G00 X55；　（刀具退出）

W75 ；　（Z 轴回起点）

M30；

二、变螺距螺纹切削指令 G34

1. 指令格式

G34 X（U）＿＿ Z（W）＿＿ F（I）＿＿ J＿＿ K＿＿ R＿＿ ；

2. 指令功能

图 10-4 是变螺距螺纹示意图。刀具的运动轨迹是从 X、Z 轴起点位置到程序段指定的终点位置的一条直线。从起点到终点位移量（X 轴按半径值）较大的坐标轴称为长轴，另一个坐标轴称为短轴，运动过程中主轴每转一圈长轴移动一个导程，并且主轴每转一圈移动的螺距是不断增加指定的值或减少指定的值，在工件表面形成一条变螺距的螺旋切槽，实现变螺距螺纹的加工。切削时，可以设定退刀量。

F、I 指令字分别用于给定公制、英制螺纹的螺距，执行 G34 指令可以加工公制或英制变螺距的直螺纹、锥螺纹和端面螺纹。

3. 指令说明

G34 为模态 G 指令。

X（U）、Z（W）、J、K 的意义与 G32 一致。

F：从起点坐标值开始的第一个螺距的公制螺纹，取值范围 0.001～500mm。

I：从起点坐标值开始的第一个螺距的英制螺纹，取值范围 0.06～25400 牙/英寸。

R：主轴每转螺距的增量值或减量值，R=F$_1$-F$_2$，R 带有方向；F$_1$>F$_2$ 时，R 为负值时螺距递减；F$_1$<F$_2$ 时，R 为正值时螺距递增，如图 10-4 所示。

R 值的范围：±（0.001～500.000）mm/每螺距(公制螺纹)。

±（0.060～25400）牙/in（英制螺纹）。

当 R 值超过上述范围值和因 R 的增加/减小使螺距超过允许值或螺距出现负值时产生报警。

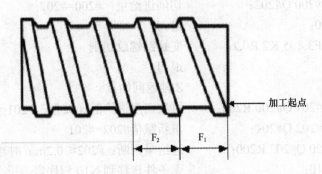

图 10-4　变螺距螺纹

4．注意事项

- 注意事项与 G32 螺纹切削相同。

5．示例

如图 10-5 为变螺纹加工，起始点的第一个螺距 4mm，主轴每转螺距的增量值 0.2mm。

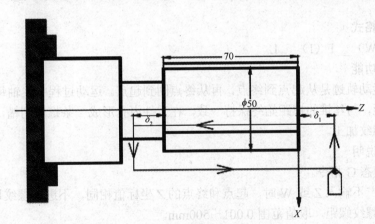

图 10-5　变螺纹加工

多次使用 G34 循环切削时，使用宏变量可简化编程。取值：δ_1=4mm，δ_2=4mm，总切削深度 4mm，总切削循环 15 次；第一次进刀 0.8mm，每次递减切削量 0.2 mm，最小进给量 0.2mm。

程序编制如下。

O0010

G00 X60 Z4 M03 S500;　　　　　　第一次背吃刀量：赋值#202=0.8mm

G65 H01 P#202 Q800;　　　　　　　循环计数：赋值#203=0

G65 H01 P#203 Q0;　　　　　　　　循环计数开始：#204=#203+1

N10 G65 H02 P#204 Q#203 R1;

G65 H01 P#203 Q#204;　　　　　　#203=#204

G65 H81 P30 Q#204 R15;	总切削循环次数：#204=15，转移到 N30 程序段
G00 U-10;	进刀至 Φ50mm
G65 H01 P#200 Q#202;	切削进给量：#200=#202
G00 U-#200;	进刀
G34 W-78 F3.8 J5 K2 R0.2;	变螺距螺纹切削
G00 U10;	退刀
Z4;	Z 轴返回始点
G65 H03 P#201 Q#200 R200;	再次切削进给的递减量：#201=#200—0.2
G65 H01 P#202 Q#201;	重新赋值#202=#201
G65 H86 P20 Q#202 R200;	进给量判断：#202≤0.2mm 时转移到 N20 程序段
G65 H80 P10;	无条件转移到 N10 程序段
N20 G65 H01 P#202 R200;	最小进给量：#202=0.2
G65 H80 P10;	无条件转移到 N10 程序段
N30 M30;	

三、Z 轴攻螺纹循环 G33

1. 指令格式
G33 Z（W）__ F（I）__ L__ ；

2. 指令功能
刀具的运动轨迹是从起点到终点，再从终点回到起点。运动过程中主轴每转一圈 Z 轴移动一个螺距，与丝锥的螺距始终保持一致，在工件内孔形成一条螺旋切槽，可一次切削完成内孔的螺纹加工。

3. 指令说明
G33 为模态 G 指令。

Z（W）：不输入 Z 或 W 时，起点和终点的 Z 坐标值相同，不进行螺纹切削。

F：公制螺纹螺距，取值范围 0.001～500mm。

I：每英寸螺纹的牙数，取值范围 0.06～25400 牙/in。

L：多头螺纹的线数，取值范围 1～99，省略 L 时默认为 1 线。

4. 循环过程
① Z 轴进刀攻螺纹（G33 指令前必须指定主轴开）。

② 到达编程指定的 Z 轴坐标终点后，M05 信号输出。

③ 检测主轴完全停止后。

④ 主轴反转信号输出（与原来主轴旋转的方向相反）。

⑤ Z 轴退刀到起点。

⑥ M05 信号输出，主轴停转。

⑦ 如为多线螺纹，重复①～⑤步骤。

5. 示例
如图 10-6 所示，螺纹 M10×1.5。

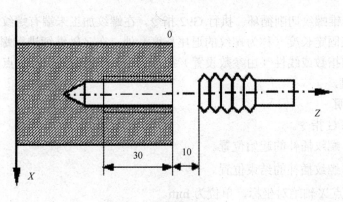

图 10-6　零件示例

程序编制如下。

O0011；

G00 Z90 X0 M03；　启动主轴

G33 Z50 F1.5；　攻螺纹循环

M03；再启动主轴

G00 X60 Z100；　继续加工

M30；

注 1：攻螺纹前应根据丝锥的旋向来确定主轴旋转方向，攻螺纹结束后主轴将停止转动，如需继续加工则需要重新启动主轴。

注 2：此指令是刚性攻螺纹，在主轴停止信号有效后，主轴还将有一定的减速时间才停止旋转，此时 Z 轴将仍然跟随主轴的转动而进给，直到主轴完全停止，因此实际加工时螺纹的底孔位置应比实际的需要位置稍深一些，具体超出的长度根据攻螺纹时主轴转速高低和主轴刹车装置而决定。

注 3：攻螺纹切削时 Z 轴的移动速度由主轴转速与螺距决定，与切削进给速度倍率无关。

注 4：在单程序段运行或执行进给保持操作，系统显示"暂停"，螺纹循环不停止，直到攻螺纹完成后回到起始点才停止运动。

注5：系统复位、急停或驱动报警时，攻螺纹切削减速停止。

四、螺纹切削循环 G92

1. 指令格式

G92 X（U）_ Z（W）_ F_J_K_L ；　（公制直螺纹切削循环）

G92 X（U）_ Z（W）_ I_J_K_L ；　（英制直螺纹切削循环）

G92 X（U）_ Z（W）_ R_F_J_K_L ；　（公制锥螺纹切削循环）

G92 X（U）_ Z（W）_ R_I_J_K_L ；　（英制锥螺纹切削循环）

2. 指令功能

从切削起点开始，进行径向（X 轴）进刀、轴向（Z 轴或 X、Z 轴同时）切削，实现等螺距的直螺纹、锥螺纹切削循环。执行 G92 指令，在螺纹加工未端有螺纹退尾过程：在距离螺纹切削终点固定长度（称为螺纹的退尾长度）处，在 Z 轴继续进行螺纹插补的同时，X 轴沿退刀方向指数或线性（由参数设置）加速退出，Z 轴到达切削终点后，X 轴再以快速移动速度退刀。

3. 指令说明

G92 为模态 G 指令。

切削起点：螺纹插补的起始位置。

切削终点：螺纹插补的结束位置。

X：切削终点 X 轴绝对坐标，单位为 mm。

U：切削终点与起点 X 轴绝对坐标的差值，单位为 mm。

Z：切削终点 Z 轴绝对坐标，单位为 mm。

W：切削终点与起点 Z 轴绝对坐标的差值，单位为 mm。

R：切削起点与切削终点 X 轴绝对坐标的差值（半径值），当 R 与 U 的符号不一致时，要求 ｜R｜ ≤ ｜U/2｜，单位为 mm。

F：公制螺纹螺距，取值范围 0.001～500 mm，F 指令值执行后保持，可省略输入。

I：英制螺纹每英寸牙数，取值范围 0.06～25400 牙/in，I 指令值执行后保持，可省略输入。

J：螺纹退尾时在短轴方向的移动量，取值范围 0～9999.999，单位为 mm，不带方向（根据程序起点位置自动确定退尾方向），模态参数。如果短轴是 X 轴，则该值为半径指定。

K：螺纹退尾时在长轴方向的长度，取值范围 0～9999.999，单位为 mm。不带方向，模态参数，如长轴是 X 轴，该值为半径指定。

L：多线螺纹的线数，该值的范围是 1～99，模态参数（省略 L 时默认为单线螺纹）。

G92 指令可以分多次进刀完成一个螺纹的加工，但不能实现 2 个连续螺纹的加工，也不能加工端面螺纹。G92 指令螺纹螺距的定义与 G32 一致，螺距是指主轴转一圈长轴的位移量（X 轴位移量按半径值）。

锥螺纹的螺距是指主轴转一圈长轴的位移量（X 轴位移量按半径值），B 点与 C 点在 Z 轴坐标差的绝对值大于 X 轴（半径值）坐标差的绝对值时，Z 轴为长轴；反之，X 轴为长轴。

循环过程：直螺纹如图 10-7 所示，锥度螺纹如图 10-8 所示。

① X 轴从起点快速移动到切削起点。

② 从切削起点螺纹插补到切削终点。

③ X 轴以快速移动速度退刀（与①方向相反），返回到 X 轴绝对坐标与起点相同处。

④ Z 轴快速移动返回到起点，循环结束。

4. 注意事项

- 省略 J、K 时，按 NO.19 号参数设定值退尾。

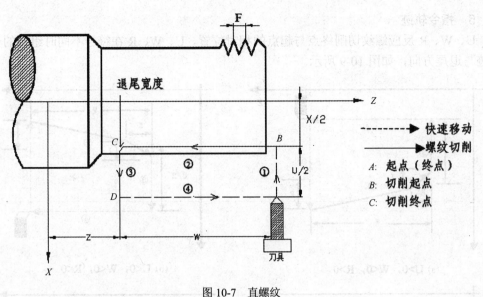

图 10-7　直螺纹

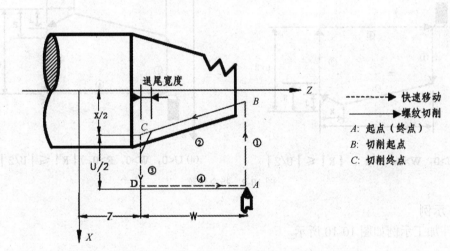

图 10-8　锥度螺纹

- 省略 J 时，长轴方向按 K 退尾，短轴方向按 NO.19 号参数设定值退尾。
- 省略 K 时，按 J=K 退尾。
- J=0 或 J=0、K=0 时，无退尾。
- J≠0、K=0 时，按 J=K 退尾。
- J=0、K≠0 时，无退尾。
- 螺纹切削过程中执行进给保持操作后，系统仍进行螺纹切削，螺纹切削完毕，显示 "暂停"，程序运行暂停。
- 螺纹切削过程中执行单程序段操作后，在返回起点后（一次螺纹切削循环动作完成）运行停止。
- 系统复位、急停或驱动报警时，螺纹切削减速停止。

5．指令轨迹

U、W、R 反应螺纹切削终点与起点的相对位置，U、W、R 在符号不同时组合的刀具轨迹与退尾方向，如图 10-9 所示。

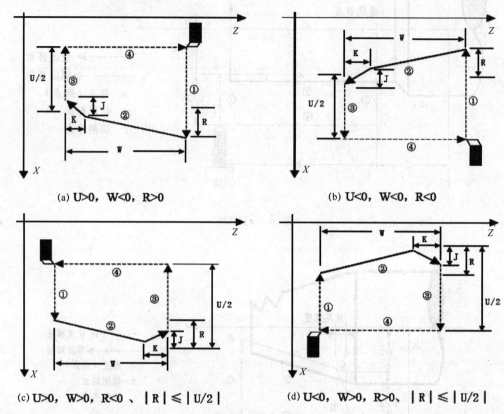

(a) U>0，W<0，R>0   (b) U<0，W<0，R<0

(c) U>0，W>0，R<0 、 |R| ≤ |U/2| (d) U<0，W>0，R>0、 |R| ≤ |U/2|

图 10-9　指令轨迹

6．示例

零件加工示例如图 10-10 所示。

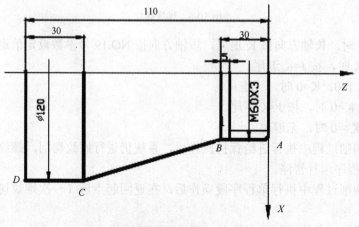

图 10-10　零件示例

程序编制如下。

O0012；

M3 S300 G0 X150 Z50 T0101；　（螺纹刀）

G0 X65 Z5；　(快速定位)

G92 X58.7 Z-28 F3 J3 K1；　（加工螺纹，分四刀切削，第一次进刀 1.3mm）

X57.7；　（第二次进刀 1mm）

X57；　（第三次进刀 0.7mm）

X56.9；　（第四次进刀 0.1mm）

M30；

五、多重螺纹切削循环 G76

1. 指令格式

G76 P（m）（r）（a）　Q（Δd_{min}）　R（d）；

G76 X（U）　Z（W）　R（i）　P（k）　Q（Δd）　F（I）；

2. 指令功能

通过多次螺纹粗车、螺纹精车完成规定牙高（总切深）的螺纹加工，如果定义的螺纹角度不为 0°，螺纹粗车的切入点由螺纹牙顶逐步移至螺纹牙底，使得相邻两牙螺纹的夹角为规定的螺纹角度。G76 指令可加工带螺纹退尾的直螺纹和锥螺纹，可实现单侧切削刃螺纹切削，背吃刀量逐渐减少，有利于保护刀具、提高螺纹精度。G76 指令不能加工端面螺纹。加工轨迹如图 3-43（a）所示。

3. 相关定义

起点（终点）：程序段运行前和运行结束时的位置，表示为 A 点。

螺纹终点：由 X（U）、Z（W）定义的螺纹切削终点，表示为 D 点。如果有螺纹退尾，切削终点长轴方向为螺纹切削终点，短轴方向退尾后的位置。

螺纹起点：Z 轴绝对坐标与 A 点相同、X 轴绝对坐标与 D 点 X 轴绝对坐标的差值为 i（螺纹锥度、半径值），表示为 C 点。如果定义的螺纹角度不为 0°，切削时并不能到达 C 点。

螺纹切深参考点：Z 轴绝对坐标与 A 点相同、X 轴绝对坐标与 C 点 X 轴绝对坐标的差值为 k（螺纹的总切削深度、半径值），表示为 B 点。B 点的螺纹切深为 0，是系统计算每一次螺纹切削深度的参考点。

螺纹切深：每一次螺纹切削循环的切削深度。每一次螺纹切削轨迹的反向延伸线与直线 BC 的交点，该点与 B 点 X 轴绝对坐标的差值（无符号、半径值）为螺纹切深。每一次粗车的螺纹切深为 $n\Delta d$，n 为当前的粗车循环次数，Δd 为第一次粗车的螺纹切深。

螺纹切削量：本次螺纹切深与上一次螺纹切深的差值为（$n-1n$）×Δd。（n 为当前粗车的循环次数）

退刀终点：每一次螺纹粗车循环、精车循环中螺纹切削结束后，径向（X 轴）退刀的终点位置，表示为 E 点。

螺纹切入点：每一次螺纹粗车循环、精车循环中实际开始螺纹切削的点，表示为 B_n 点（n 为切削循环次数），B_1 为第一次螺纹粗车切入点，B_f 为最后一次螺纹粗车切入点，

B_e 为螺纹精车切入点。B_n 点相对于 B 点在 X 轴和 Z 轴的位移符合公式：

$$\tan = \frac{\alpha}{2} = \frac{|Z\text{轴位移}|}{|X\text{轴位移}|}$$

α：螺纹角度；

X：螺纹终点 X 轴绝对坐标，单位为 mm。

U：螺纹终点与起点 X 轴绝对坐标的差值，单位为 mm。

Z：螺纹终点 Z 轴的绝对坐标值，单位为 mm。

W：螺纹终点与起点 Z 轴绝对坐标的差值，单位为 mm。

$P(m)$：螺纹精车次数 00～99（单位：次），m 指令值执行后保持有效，并把系统数据参数 NO.057 的值修改为 m。未输入 m 时，以系统数据参数 NO.057 的值作为精车次数。在螺纹精车时，每次的进给的切削量等于螺纹精车的切削量 d 除以精车次数 m。

$P(r)$：螺纹退尾长度 00～99（单位：0.1×L，L 为螺纹螺距），r 指令值执行后保持有效，并把系统数据参数 NO.019 的值修改为 r。未输入 r 时，以系统数据参数 NO.019 的值作为螺纹退尾宽度。螺纹退尾功能可实现无退刀槽的螺纹加工，系统参数 NO.019 定义的螺纹退尾宽度对 G92、G76 指令有效。

$P(\alpha)$：相邻两牙螺纹的夹角，取值范围为 00～99，单位为度（°），α 指令值执行后保持有效，并把系统数据参数 NO.058 的值修改为 α。未输入 α 时，以系统数据参数 NO.058 的值作为螺纹牙的角度。实际螺纹的角度由刀具角度决定，因此 α 应与刀具角度相同。

$Q(\Delta d_{min})$：螺纹粗车时的最小切削量，取值范围为 00～99999，（单位为 0.001mm，无符号，半径值）。当（$\sqrt{n} - \sqrt{n-1}$）×$\Delta d < \Delta d_{min}$ 时，以 Δd_{min} 作为本次粗车的切削量，即本次螺纹切深为（$\sqrt{n-1} \times \Delta d < \Delta d_{min}$）。设置 Δd_{min} 是为了避免由于螺纹粗车切削量递减造成粗车切削量过小、粗车次数过多。Q（Δd_{min}）执行后，指令值 Δd_{min} 保持有效，并把系统数据参数 NO.059 的值修改为 Δd_{min}，单位为 0.001mm。未输入 Q（Δd_{min}）时，以系统数据参数 NO.059 的值作为最小切削量。

$R(d)$：螺纹精车的切削量，取值范围为 00～99.999，（单位为 mm，无符号，半径值），半径值等于螺纹精车切入点 B_e 与最后一次螺纹粗车切入点 B_f 的 X 轴绝对坐标的差值。R（d）执行后，指令值 d 保持有效，并把系统数据参数 NO.060 的值修改为 d×1000（单位：0.001 mm）。未输入 R（d）时，以系统数据参数 NO.060 的值作为螺纹精车切削量。

$R(i)$：螺纹锥度，螺纹起点与螺纹终点 X 轴绝对坐标的差值，取值范围为 -9999999～9999999（单位为 mm，半径值）。未输入 $R(i)$ 时，系统按 $R(i)=0$（直螺纹）处理。

$P(k)$：螺纹牙高，螺纹总切削深度，取值范围为 1～9999999（单位：0.001mm，半径值、无符号）。未输入 $P(k)$ 时，系统报警。

$Q(\Delta d)$：第一次螺纹切削深度，取值范围为 1～9999999（单位：0.001mm，半径值、无符号）。未输入 Δd 时，系统报警。

F：公制螺纹螺距，取值范围为 0.001～500mm。

I：英制螺纹每英寸的螺纹牙数，取值范围为 0.06～25400 牙/in。

切入方法如图 10-11 所示。

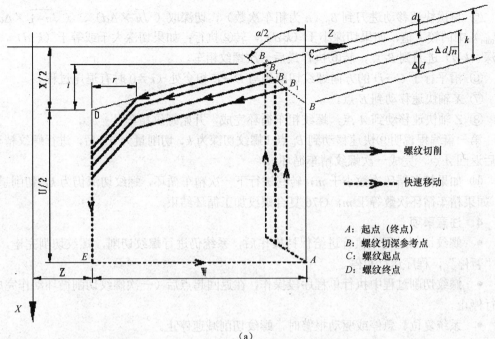

A：起点（终点）
B：螺纹切深参考点
C：螺纹起点
D：螺纹终点

螺纹切削
快速移动

(a)

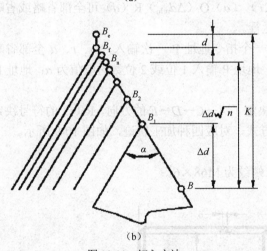

(b)

图 10-11　切入方法

螺纹螺距指主轴转一圈长轴的位移量（X 轴位移量按半径值），C 点与 D 点在 Z 轴坐标差的绝对值大于 X 轴坐标差的绝对值（半径值，等于 i 的绝对值）时，Z 轴为长轴；反之，X 轴为长轴。

指令执行过程如下。

① 从起点快速移动到 B_1，螺纹切深为 $\triangle d$。如果 $\alpha=0$，仅移动 X 轴；如果 $\alpha \neq 0$，X 轴和 Z 轴同时移动，移动方向与 $A \rightarrow D$ 的方向相同。

② 沿平行于 $C \rightarrow D$ 的方向螺纹切削到与 $D \rightarrow E$ 相交处（$r \neq 0$ 时有退尾过程）。

③ X 轴快速移动到 E 点。

④ Z 轴快速移动到 A 点，单次粗车循环完成。

⑤ 再次快速移动进刀到 B_n（n 为粗车次数），切深取（$\sqrt{n} \times \Delta d$）、（$\sqrt{n-1} \times \Delta d <$ $\Delta d_{\min}$）中的较大值，如果切深小于（$k-d$），转②执行；如果切深大于或等于（$k-d$），按切深（$k-d$）进刀到 B_f 点，转⑥执行最后一次螺纹粗车。

⑥ 沿平行于 $C \to D$ 的方向螺纹切削到与 $D \to E$ 相交处（$r \neq 0$ 时有退尾过程）。

⑦ X 轴快速移动到 E 点。

⑧ Z 轴快速移动到 A 点，螺纹粗车循环完成，开始螺纹精车。

第一篇编程说明⑨快速移动到 B_e 点（螺纹切深为 k、切削量为 d）后，进行螺纹精车，最后返回 A 点，完成一次螺纹精车循环。

⑩ 如果精车循环次数小于 m，转⑨进行下一次精车循环，螺纹切深仍为 k，切削量为 0；如果精车循环次数等于 m，G76 复合螺纹加工循环结束。

4．注意事项

• 螺纹切削过程中执行进给保持操作后，系统仍进行螺纹切削，螺纹切削完毕，显示"暂停"，程序运行暂停。

• 螺纹切削过程中执行单程序段操作，在返回起点后（一次螺纹切削循环动作完成）运行停止。

• 系统复位、急停或驱动报警时，螺纹切削减速停止。

• G76 P（m）（r）（α）Q（$\Delta d_{\min}$）R（d）可全部省略或省略部分指令地址，省略的地址按参数设定值运行。

• m、r、α 用同一个指令地址 P 一次输入，m、r、α 全部省略时，按参数 NO.57、19、58 号设定值运行；地址 P 输入 1 位或 2 位数时取值为 α；地址 P 输入 3 位或 4 位数时取值为 r 与 α。

• U、W 的符号决定了 $A \to C \to D \to E$ 的方向，R（i）的符号决定了 $C \to D$ 的方向。U、W 的符号有四种组合方式，对应四种加工轨迹，如图 10-9 所示。

5．示例

如图 10-12 所示，螺纹为 M68×6。

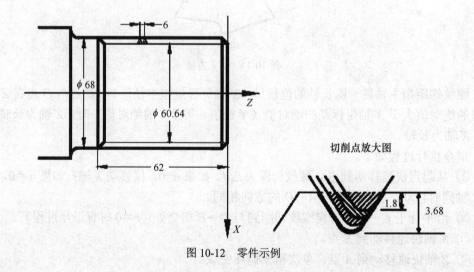

图 10-12　零件示例

程序编制如下。

O0013；

G50 X100 Z50 M3 S300；　（设置工件坐标系启动主轴，指定转速）

G00 X80 Z10；　（快速移动到加工起点）

G76 P020560 Q150 R0.1；　（精加工重复次数 2，倒角宽度 0.5mm,刀具角度 60°，最小切入深度 0.15mm，精车余量 0.1mm）

G76 X60.64 Z-62 P3680 Q1800 F6；（螺纹牙高 3.68mm，第一螺纹切削深度 1.8mm）

G00 X100 Z50 ；　（返回程序起点）

M30；（程序结束）

任务实施

一、任务实施内容及步骤：

（一）布置任务，学生分组

根据项目任务的要求，布置各小组的具体任务，并根据设备数量将学生分成若干小组。

（二）小组具体实施步骤

1．利用数控仿真系统先进行仿真操作

（1）工艺分析

毛坯直径：ϕ40mm。

该零件表面由圆柱、圆弧、圆锥、槽及螺纹等表面组成。外轮廓轨迹由 A—B—C—D—E—F—G—H—I—J 组成。

（2）刀具及装夹方式

刀具：1 号刀为 90°外圆刀，刀尖角为 55°；2 号刀为螺纹刀；4 号刀为切断刀，刀位点在左刀尖，刀宽为 5mm。

装夹：采用三爪自定心卡盘伸出 90mm。

（3）确定加工路线

① 设置工件原点，定在工件右端面中心。

② 取 1 号刀车右端面。

③ 用 1 号刀粗车各外表面，并留 0.3mm 精车余量。

④ 用 1 号刀精车各外表面至尺寸要求，退回换刀点。

⑤ 换 4 号刀，车槽至尺寸要求。

⑥ 换 2 号刀，车螺纹至尺寸要求。

⑦ 换 4 号刀切断工件。

（4）数值计算

以编程原点定在工件右端面的中心线上为例来计算并确定各基点的坐标值。

（5）程序编制

（6）操作加工

① 输入程序并检查修改。
② 对刀并设置工件原点。
③ 单步加工，试切削，测量并修改参数。
④ 自动运行加工。

点	X坐标	Z坐标
A	15	0
B	18	−6
C	22	−6
D	23.82	−7
E	23.82	−21
F	26	−26
G	30	−28
H	30	−31
I	38	−51
J	38	−61

2. 教师检测学生仿真情况并集中进行讲评

3. 学生在实际机床上按上述操作重复一次

（三）小组小结任务实施情况

各小组经讨论后，选出一名代表小结任务实施情况并展示本组制定的工艺卡。

（四）完成工作任务书

组员单独完成，组内交互检查，交教师评阅。

（五）评价反馈与考核

教师组织学生进行自评，互评与单独抽查考核，作为学生考核成绩。并对学生存在的普遍问题进行强化。

二、注意事项

① 操作数控车床时应确保安全，包括人身和设备的安全。
② 禁止多人同时操作机床。禁止让机床在同一方向连续"超程"。
③ 工件、刀具要夹紧、夹牢，选择换刀时，要注意安全位置。
④ 在一个程序中，一把刀的刀位点不能更改。

 参考程序

序　号	程　序	注　释
	O0006；	程序名
	M03　S500　T0101；	正转，转速500r/min，换1号刀

序　号	程　　序	注　释
	G0　X42　Z2；	快速移动到起刀点
	G94　X-1　Z0　F30；	加工端面
	G71　U2　R1；	粗加工循环
	G71　P60　Q160 U0.5　W0.3　F100；	
N60	G0　X15；	
	G01　Z0　F100；	
	X18　Z-6；	
	X22；	
	X23.82　Z-7；	描述零件粗加工轮廓形状
	Z-25；	（其中螺纹外圆直径需车小 0.12P）
	X26　Z-26；	
	X30　Z-28；	
	Z-31；	
	G02　X38　Z-51　R28　F100；	
N0160	G01　Z-62　F100；	
	G00　X100　Z100；	选择性退刀，当不需要测量尺寸时可跳跃不执行
	M01；	选择停，可用来测量尺寸
	M03　S900　T0101；	正转，转速 900r/min，换 1 号刀
	G00　X42　Z2；	快速移动到精加工循环起点
	G70　P60　Q160；	精加工
	G0　X100　Z100；	退到换刀点
	M01；	选择停，可用来测量尺寸
	M03　S500　T0404；	转速 500r/min，换 4 号刀
	G0　X32　Z-26；	快速运动到车槽起点
	G01　X20　F100；	车槽
	G04　X1；	刀具运动暂停 1s
	G01　X32　　F100；	退刀
	G00　X100　Z100；	快速退回换刀点
	T0202；	换 2 号刀
	G00　X26　Z-3；	快速运动到螺纹加工起点
	G92　X23.1　Z-23　F1.5；	
	X22.6；	
	X22.3；	加工 M24 螺纹
	X22.1；	
	X22.1；	
	G00　X100　Z100；	快速退回换刀点
	M01；	选择停，可用来测量尺寸
	M03　S500　T0404；	正转，转速 400r/min，换 4 号刀
	G00　X42　Z-66；	快速运动到切断起点
	G01　X-1　F100；	切断
	G0　X100　Z100；	快速退回换刀点
	M05；	主轴停
	M30；	程序结束

 ## 考核与评价

评 分 表

序号	项目	检测内容	配分	评分标准	实测	得分
1	内孔	φ16mm	10	超差0.02mm扣2分，表面粗糙度每降一级扣1分		
2		φ20mm	10	超差0.02mm扣2分，表面粗糙度每降一级扣1分		
3	外圆	左边三个	15			
4		右边一个	5			
5	长度	50mm	10	超差不得分		
6		10mm	10			
7	螺纹	M30	15	达不到尺寸要求不得分，螺纹乱牙不得分		
8	圆弧与倒角	R2mm与R3mm与C1mm	15	每降低一个等级扣2分		
9	表面粗糙度	各处	10			
10	文明生产			发生事故记0分，违规每次扣3分		

		检验	评分
材料规格			
加工工时			
考试时间			
记时			
监考			
名称			
图号			

M30X0.75
φ26−0.051
φ20+0.03
φ16+0.03
φ28−0.052
φ34−0.025
φ38−0.025

8　15　10　50±0.05　22　10−0.05

√Ra1.6　√Ra3.2

A B C D E F G H I K L M N
Q U W R2 R3

√Ra1.6　▽Ra1.6 (√)
技术要求：未注倒角C1。

学习任务书

项目任务书——车削螺纹

编号：XM-10

专　业		班　级			
姓　名		学　号		组　别	
实训时间		指导教师		成　绩	

一、工艺路线确定

二、刀具卡

零件名称			零件图号		
刀具序号	刀具规格及名称	数　量	加工内容	备　注	
1					
2					
3					
4					
5					

三、工序卡

零件名称			零件图号		
工序号		夹具		使用设备	
设备号		量具		材　料	
工步号	工步内容	刀具号	主轴转速	进给速度	背吃刀量
1					
2					
3					
4					
5					
6					
6					
7					
8					
9					
10					

数控车削加工技术

四、加工程序

序　号	程序内容	注　释

五、学生课后练习（编程）

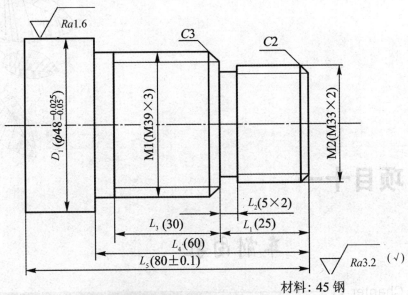

材料：45 钢

六、实训小结（出现的问题及解决的办法）

七、教师评定

教师签名：

日期： 年 月 日

项目十一

车削内孔

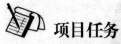 项目任务

加工零件图如图 11-1 所示。

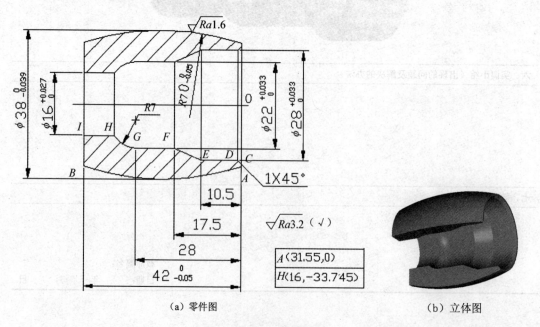

（a）零件图 　　　（b）立体图

图 11-1 螺纹轴

教学目标

1. 学习掌握 G28、G73、G74 指令的应用。
2. 巩固学习程序管理操作与程序编辑。
3. 掌握数控车加工内圆柱面与内沟槽的工艺。
4. 熟悉内孔相关参数的检测方法。

 项目设备清单

序 号	名 称	规 格	数 量	备 注
1	数控仿真系统	980T 系列	35	
2	多媒体电脑	P4 以上配置	35	
3	数控车床	400mm×1000mm	8	GSK980TD
4	卡盘扳手	与车床配套	8	
5	刀架扳手	与车床配套	8	
6	车刀	90° 外圆	8	刀尖角为 55°
7	镗刀		8	
8	车槽刀	4 mm	8	
9	中心孔钻	4mm	8	
10	材料	ϕ30mm、长 100mm	35	45 号钢
11	麻花钻	ϕ12mm	8	
12	油壶、毛刷及清洁棉纱		若干	

 项目相关知识学习

一、返回机械零点 G28

1. 指令格式

G28 X（U）Z（W）；

2. 指令功能

从起点开始，以快速移动速度到达 X（U）、Z（W）指定的中间点位置后再回机械零点。

3. 指令说明

G28 为非模态 G 指令。

X：中间点 *X* 轴的绝对坐标。

U：中间点与起点 *X* 轴绝对坐标的差值。

Z：中间点 *Z* 轴的绝对坐标。

数控车削加工技术

W：中间点与起点 Z 轴绝对坐标的差值。

指令地址 X（U）、Z（W）可省略一个或全部，详见表 11-1。

表 11-1 指令功能

指　　令	功　　能
G28　X(U)_	X 轴回机械零点，Z 轴保持在原位
G28　Z(W)_	Z 轴回机械零点，X 轴保持在原位
G28	两轴保持在原位，继续执行下一程序段
G28　X(U)_Z(W)_	X、Z 轴同时回机械零点

4. 指令动作过程

指令动作过程如图 11-2 所示。

（1）快速从当前位置定位到指令轴的中间点位置（A 点→B 点）。

（2）快速从中间点定位到参考点（B 点→R 点）。

（3）若非机床锁住状态，返回参考点完毕时，回零灯亮。

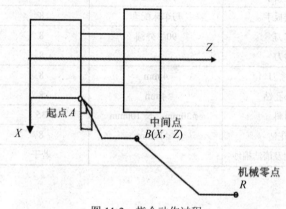

图 11-2　指令动作过程

注 1：手动回机械零点与执行 G28 指令回机械零点的过程一致，每次都必须检测减速信号与一转信号。

注 2：从 A 点→B 点及 B 点→R 点过程中，两轴是以各自独立的快速速度移动的，因此，其轨迹并不一定是直线。

注 3：执行 G28 指令回机械零点操作后，系统取消刀具长度补偿。

注 4：如果机床未安装零点开关，不得执行 G28 指令与返回机械零点的操作。

二、轴向切槽多重循环 G74

1. 指令格式

G74 R（e）；

G74 X（U）　Z（W）　P（Δi）　Q（Δk）　R（Δd）　F；

2. 指令意义

径向（X 轴）进刀循环复合轴向断续切削循环：从起点轴向（Z 轴）进给、回退、再

进给……直至切削到与切削终点 Z 轴坐标相同的位置，然后径向退刀、轴向回退至与起点 Z 轴坐标相同的位置，完成一次轴向切削循环；径向再次进刀后，进行下一次轴向切削循环；切削到切削终点后，返回起点（G74 的起点和终点相同），轴向车槽复合循环完成。G74 的径向进刀和轴向进刀方向由切削终点 X（U）、Z（W）与起点的相对位置决定，此指令用于在工件端面加工环形槽或中心深孔，轴向断续切削起到断屑、及时排屑的作用。

3. 相关定义

轴向切削循环起点：每次轴向切削循环开始轴向进刀的位置，表示为 $A_n(n=1,2,3\cdots)$，A_n 的 Z 轴坐标与起点 A 相同，A_n 与 A_{n-1} 的 X 轴坐标的差值为 Δi。第一次轴向切削循环起点 A_1 与起点 A 为同一点，最后一次轴向切削循环起点（表示为 A_f）的 X 轴坐标与切削终点相同。

轴向进刀终点：每次轴向切削循环轴向进刀的终点位置，表示为 $B_n(n=1,2,3\cdots)$，B_n 的 Z 轴坐标与切削终点相同，B_n 的 X 轴坐标与 B_n 相同，最后一次轴向进刀终点（表示为 B_f）与切削终点为同一点。

径向退刀终点：每次轴向切削循环到达轴向进刀终点后，径向退刀（退刀量为 Δd）的终点位置，表示为 $C_n(n=1,2,3\cdots)$，C_n 的 Z 轴坐标与切削终点相同，C_n 与 C_n X 轴坐标的差值为 Δd。

轴向切削循环终点：从径向退刀终点轴向退刀的终点位置，表示为 $D_n(n=1,2,3\cdots)$，D_n 的 Z 轴坐标与起点相同，D_n 的 X 轴坐标与 C_n 相同（与 A_n X 轴坐标的差值为 Δd）。

切削终点：X（U）Z（W）指定的位置，最后一次轴向进刀终点 B_f。

R（e）：每次轴向（Z 轴）进刀后的轴向退刀量，取值范围 0～99.999（单位：mm），无符号。R（e）执行后指令值保持有效，并把数据参数 NO.056 的值修改为 $e\times1000$（单位：0.001 mm）。未输入 R（e）时，以数据参数 NO.056 的值作为轴向退刀量。

X：切削终点 B_f 的 X 轴绝对坐标值，单位为 mm。

U：切削终点 B_f 与起点 A 的 X 轴绝对坐标的差值，单位为 mm。

Z：切削终点 B_f 的 Z 轴的绝对坐标值，单位为 mm。

W：切削终点 B_f 与起点 A 的 Z 轴绝对坐标的差值，单位为 mm。

P（Δi）：单次轴向切削循环的径向（X 轴）切削量，取值范围 0～9999999（单位为 0.001mm，半径值），无符号。

Q（Δk）：轴向（Z 轴）切削时，Z 轴断续进刀的进刀量，取值范围 0～9999999（单位：0.001mm），无符号。

R（Δd）：切削至轴向切削终点后，径向（X 轴）的退刀量，取值范围 0～99.999（单位为 mm，半径值），无符号，省略 R（Δd）时，系统默认轴向切削终点后，径向（X轴）的退刀量为 0。

省略 X（U）和 P（Δi）指令字时，默认往正方向退刀。

指令执行过程如图 11-3 所示。

① 从轴向切削循环起点 A_n 轴向（Z轴）切削进给 $\triangle k$，切削终点 Z 轴坐标小于起点 Z 轴坐标时，向 Z 轴负向进给，反之则向 Z 轴正向进给。

② 轴向（Z轴）快速移动退刀 e，退刀方向与①进给方向相反。

③ 如果 Z 轴再次切削进给（$\Delta k+e$），进给终点仍在轴向切削循环起点 A_n 与轴向进

刀终点 B_n 之间，Z 轴再次切削进给（$\triangle k+e$），然后执行②；如果 Z 轴再次切削进给（$\triangle k+e$）后，进给终点到达 B_n 点或不在 A_n 与 B_n 之间，Z 轴切削进给至 B_n 点。

④ 径向（X 轴）快速移动退刀 $\triangle d$（半径值）至 C_n 点、B_f 点（切削终点）的 X 轴坐标小于 A 点（起点）X 轴坐标时，向 X 轴正向退刀，反之则向 X 轴负向退刀。

⑤ 轴向（Z 轴）快速移动退刀至 D_n 点，第 n 次轴向切削循环结束。如果当前不是最后一次轴向切削循环，执行⑥；如果当前是最后一次轴向切削循环，执行⑦；

⑥ 径向（X 轴）快速移动进刀，进刀方向与④退刀方向相反。如果 X 轴进刀($\triangle d+\Delta i$)（半径值）后，进刀终点仍在 A 点与 A_f 点（最后一次轴向切削循环起点）之间，X 轴快速移动进刀($\triangle d+\Delta i$)（半径值），即：$D_n \rightarrow A_{n+1}$，然后执行①（开始下一次轴向切削循环）；如果 X 轴进刀($\triangle d+\Delta i$)（半径值）后，进刀终点到达 A_f 点或不在 D_n 与 A_f 点之间，X 轴快速移动至 A_f 点，然后执行①，开始最后一次轴向切削循环。

⑦ X 轴快速移动返回到起点 A，G74 指令执行结束。

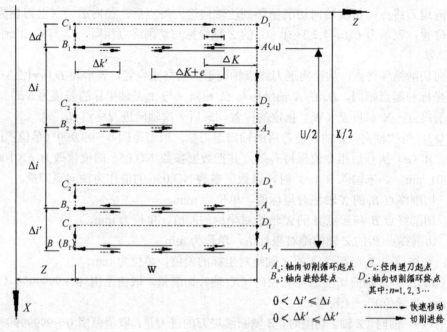

图 11-3　G74 轨迹

4. 指令说明

- 循环动作是由含 Z（W）和 P（$\triangle k$）的 G74 程序段进行的，如果仅执行"G74 R（e）；"程序段，循环动作不进行。

- $\triangle d$ 和 e 均用同一地址 R 指定，其区别是根据程序段中有无 Z（W）和 P（$\triangle k$）指令字。

- 在 G74 指令执行过程中，可以停止自动运行并手动移动，但要再次执行 G74 循环时，必须返回到手动移动前的位置。如果不返回就继续执行，后面的运行轨迹将错位。

- 执行进给保持、单程序段的操作，在运行完当前轨迹的终点后程序暂停。

● 进行不通孔切削时，必须省略 R（Δ*d*）指令字，因在切削至轴向切削终点无退刀距离零件加工示例如图 11-4 所示。

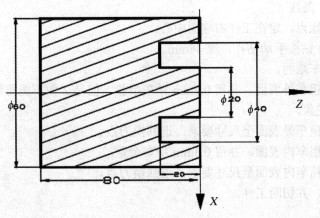

图 11-4　零件示例

程序编制如下。

O0007；
G0 X40 Z5 M3 S500；（启动主轴，定位到加工起点）
G74 R0.5；（加工循环）
G74 X20 Z60 P3000 Q5000 F50；（*Z* 轴每次进刀 5mm，退刀 0.5mm，进给到终点 Z60 后，快速返回到起点 Z5，*X* 轴进刀 3mm，循环以上步骤继续运行）
M30；（程序结束）

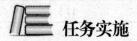 **任务实施**

一、任务实施内容及步骤：

（一）布置任务，学生分组

根据项目任务的要求，布置各小组的具体任务，并根据设备数量将学生分成若干小组。

（二）小组具体实施步骤

1. 利用数控仿真系统先进行仿真操作

（1）工艺分析

毛坯直径：ϕ40mm。

该零件表面由外圆弧、内圆柱、内圆锥、内圆弧及倒角等表面组成。外表面轮廓轨迹由 *A*—*B* 组成，为凹凸型轮廓。内表面轮廓轨迹由 *C*—*D*—*E*—*F*—*G*—*H*—*I* 组成。

（2）刀具及装夹方式

刀具：1 号刀为 90°外圆刀，刀尖角为 55°；3 号刀为镗刀；4 号刀为切断刀，刀位点在左刀尖，刀宽为 4mm。

装夹：采用三爪卡盘伸出 75mm。

（3）确定加工路线

① 设置工件原点，定在工件右端面中心。

② 用 ϕ14mm 钻头手动钻孔，深 46mm。

③ 取 1 号刀车端面。

④ 用 1 号刀粗车外表面，并留 0.3mm 精车余量。但是 Z 向不能留精车余量，否则凹面部分会有过切现象。

⑤ 用 1 号刀精车外表面至尺寸要求，退回换刀点。

⑥ 换 3 号刀粗车内表面，并留 0.3mm 精车余量。

⑦ 用 3 号刀精车内表面至尺寸要求，退回换刀点。

⑧ 换 4 号刀，并切断工件。

（4）数值计算

以编程原点定在工件右端面的中心线上为例来计算并确定各基点的坐标值，见表 11-2。

表 11-2 各基点坐标值

点	X 坐标	Z 坐标
A	31.55	0
B	31.55	-42
C	30	0
D	28	-1
E	28	-10.5
F	22	-17.5
G	22	-28
H	16	-33.745
I	16	-42

（5）程序编制

（6）操作加工

① 输入程序并检查修改。

② 对刀并设置工件原点。

③ 单步加工，试切削，测量并修改参数。

④ 自动运行加工。

2. 教师检测学生仿真情况并集中进行讲评

3. 学生在实际机床上按上述操作重复一次

（三）小组小结任务实施情况

各小组经讨论后，选出一名代表小结任务实施情况并展示本组制定的工艺卡。

（四）完成工作任务书

组员单独完成，组内交互检查，交教师评阅。

（五）评价反馈与考核

教师组织学生进行自评，互评与单独抽查考核，作为学生考核成绩。并对学生存在的普遍问题进行强化。

二、注意事项

① 操作数控车床时应确保安全。包括人身和设备的安全。

② 禁止多人同时操作机床。禁止让机床在同一方向连续"超程"。

③ 工件、刀具要夹紧、夹牢，选择换刀时，要注意安全位置。

④ 在一个程序中，一把刀的刀位点不能更改。

参考程序

序 号	程 序	注 释
	O0004；	程序名
	M03 S500；	正转，转速 500r/min
	T0101；	换 1 号刀
	G00 X42 Z2；	快速移动到起刀点
	G94 X10 Z0 F100；	加工端面
	G71 U1.5 R1；	粗加工循环
	G71 P80 Q120 U0.5 W0 F100；	
N80	G00 X31.55；	
	G01 Z0 F100；	
	G03 X31.55 Z-42 R70 F100；	描述零件粗加工轮廓形状
	G01 Z-43 F100；	
N120	X42；	
	G00 X100 Z100；	选择性退刀，当不需要测量尺寸时可跳跃不执行
	M01；	选择停，可用来测量尺寸
	M03 S900 T0101；	正转，转速 900r/min，换 1 号刀
	G00 X42 Z2；	快速移动到精加工循环起点

序 号	程 序	注 释
	G70 P80 Q120;	精加工
	G00 X100 Z100;	退到换刀点
	M01;	选择停，可用来测量尺寸
	M03 S500 T0303;	正转，转速 500r/min，换 3 号刀
	G00 X14 Z2;	快速移动到起刀点
	G71 U1 R1;	粗加工循环
	G71 P230 Q280 U-0.3 W0 F100;	
N230	G01 X30 Z0 F100;	描述零件粗加工内轮廓形状
	G01 X28 Z-1 F100;	
	Z-10.5;	
	X22 Z-17.5;	
	Z-28;	
	G03 X16 Z-33.745 R7 F100;	
N280	G01 Z-43 F100;	
	G00 X100 Z100;	选择性退刀，当不需要测量尺寸时可跳跃不执行
	M01;	选择停，可用来测量尺寸
	M03 S900 T0303;	正转，转速 900r/min，换 3 号刀
	G00 X14 Z2;	快速移动到精加工循环起点
	G70 P230 Q280;	精加工
	G00 X100 Z100;	退到换刀点
	M01;	选择停，可用来测量尺寸
	M03 S400 T0404;	正转，转速 400r/min，换 4 号刀
	G00 X42 Z-46;	快速运动到切断起点
	G01 X14 F100;	切断
	G00 X100 Z100;	退刀
	M05;	主轴停
	M30;	程序结束

考核与评价

评 分 表

序号	项目	检测内容	配分	评分标准	实测	得分
1	内孔	φ16mm	10	超差0.02mm扣2分，表面精度降一级扣1分		
2		φ22mm	10			
3		φ28mm	10			
4	外圆	R70mm	10	达不到尺寸要求不得分		
5	长度	10.5mm	10			
6		42mm	10			
7		17.5mm与28mm	10	超差不得分		
8	内圆弧	R7mm	25	达不到尺寸不得分，螺纹乱牙不得分		
9	表面精度	各处	10	每降低一个等级扣2分		
10	文明生产			发生事故记0分，违规每次扣3分		

考试时间		材料规格	
记 时		加工工时	
监 考		名称	
检验	评分	图号	

$\sqrt{Ra3.2}$ (√)

$A\langle31.55,0\rangle$
$H\langle16,-33.745\rangle$

φ28 $^{+0.033}_{0}$　φ22 $^{+0.033}_{0}$　φ16 $^{+0.027}_{0}$　φ38 $^{0}_{-0.033}$

R70 $^{0}_{-0.05}$　R7　42 $^{0}_{-0.05}$　28　17.5　10.5　C1

Ra1.6

❓ 学习任务书

项目任务书——车削内孔

编号：XM-11

专　业		班　级			
姓　名		学　号		组　别	
实训时间		指导教师		成　绩	

一、工艺路线确定

二、刀具卡

零件名称			零件图号		
刀具序号	刀具规格及名称	数　量	加工内容		备　注
1					
2					
3					
4					
5					

三、工序卡

零件名称			零件图号		
工序号		夹　具		使用设备	
设备号		量　具		材　料	
工步号	工步内容	刀具号	主轴转速	进给速度	背吃刀量
1					
2					
3					
4					
5					
6					
6					
7					
8					
9					
10					

四、加工程序

序　号	程序内容	注释

四、加工程序

序　号	程序内容	注释

五、学生课后练习（编程）

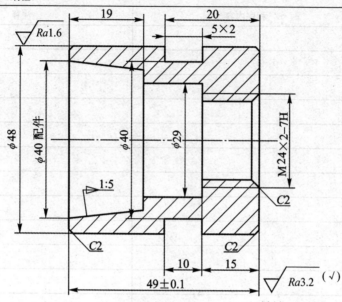

材料：45 钢

六、实训小结（出现的问题及解决的办法）

七、教师评定

教师签名：

日期：　　年　　月　　日

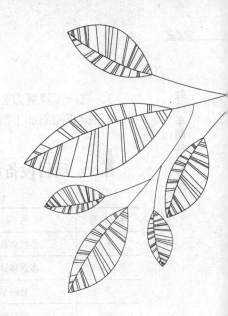

项目十二

综合实训

Chapter 12

 **项目任务**

加工零件图如图 12-1 所示。

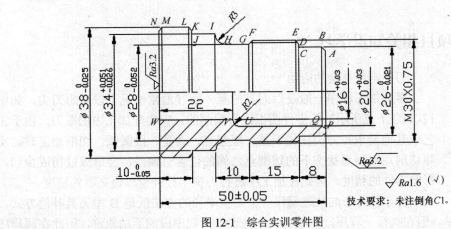

图 12-1　综合实训零件图

技术要求：未注倒角C1。

 教学目标

1. 巩固所有已学指令与编程技巧。
2. 巩固学习程序管理操作与程序编辑。

3. 进一步理解刀补的相关知识。

4. 提高控制加工精度的技能。

项目设备清单

序 号	名 称	规 格	数 量	备 注
1	数控仿真系统	980T 系列	35	
2	多媒体计算机	P4 以上配置	35	
3	数控车床	400mm×1000mm	8	GSK980TD
4	卡盘扳手	与车床配套	8	
5	刀架扳手	与车床配套	8	
6	车刀	90°外圆	8	刀尖角为 35°
7	镗刀		8	
8	车槽刀	5 mm	8	
9	螺纹车刀	60°	8	
10	中心孔钻	ϕ4mm	8	
11	麻花钻	ϕ12mm	8	
12	材料	ϕ30mm×100mm	35	45 钢
13	油壶、毛刷及清洁棉纱		若干	

项目相关知识学习

刀尖半径补偿的应用

零件加工程序一般是以刀具的某一点（通常情况下以理想刀尖，如图 12-2 的 A 点所示）按零件图纸进行编制的。但实际加工中的车刀，由于工艺或其他要求，刀尖往往不是一理想点，而是一段圆弧。切削加工时，实际切削点与理想状态下的切削点之间的位置有偏差，会造成过切或少切，影响零件的精度。因此在加工中进行刀尖半径补偿以提高零件精度。

图 12-2 刀具

将零件外形的轨迹偏移一个刀尖半径的方法就是 B 型刀具补偿方式，这种方法简单，但在执行一程序段完成后，才处理下一程序段的运动轨迹，因此在两程序的交点处会产生过切等现象。

为解决上述问题、消除误差，因此有必要建立 C 型刀具补偿方式。C 型刀具补偿方式在读入一程序段时，并不马上执行，而是再读入下一程序段，根据两个程序段交点连接的情况计算相应的运动轨迹（转接向量）。由于读取两个程序段进行预处理，因此 C 型刀具补偿方式在轮廓上能进行更精确的补偿，如图 12-3 所示。

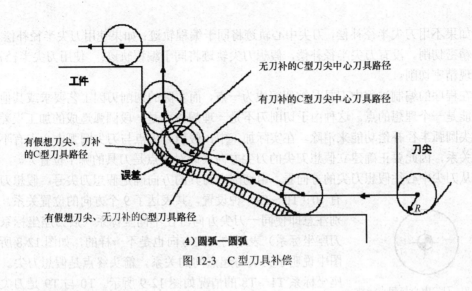

4）圆弧—圆弧

图 12-3　C 型刀具补偿

一、假想刀尖方向

假想刀尖的设定是因为一般情况下将刀尖半径中心设定在起始位置比较困难的，如图 12-4 所示；而假想刀尖设在起始位置是比较容易的，如图 12-5 所示；编程时可不考虑刀尖半径。图 12-6、图 12-7 分别为以刀尖中心编程和以假想刀尖编程时，使用刀尖半径补偿与不使用刀尖半径补偿时的刀具轨迹对比。

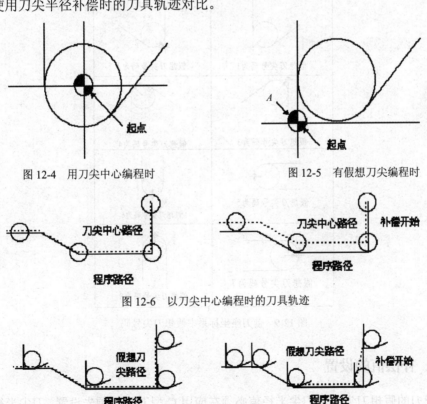

图 12-4　用刀尖中心编程时　　　　图 12-5　有假想刀尖编程时

图 12-6　以刀尖中心编程时的刀具轨迹

图 12-7　以假想刀尖编程时的刀具轨迹

如果不用刀尖半径补偿，刀尖中心轨迹将同于编程轨迹；如果使用刀尖半径补偿，将实现精密切削。没有刀尖半径补偿，假想刀尖轨迹将同于编程轨迹；使用刀尖半径补偿，将实现精密切削。

在程序的编制过程中刀具是被假想成为一点，而实际的切削刃因工艺要求或其他原因不可能是一个理想的点。这种由于切削刃不是一理想点而是一段圆弧造成的加工误差，可用刀尖圆弧半径补偿功能来消除。在实际加工中，假想刀尖点与刀尖圆弧中心点有不同的位置关系，因此要正确建立假想刀尖的刀尖方向（即对刀点是刀具的哪个位置）。

从刀尖中心往假想刀尖的方向看，由切削中刀具的方向确定假想刀尖号。假想刀尖共有 10（T0～T9）种设置，共表达了 9 个方向的位置关系。需特别注意即使同一刀尖方向号在不同坐标系（后刀座坐标系与前刀座坐标系）表示的刀尖方向也是不一样的，如图 12-8 所示。图中说明了刀尖与起点间的关系，箭头终点是假想刀尖。前刀座坐标系 T1～T8 的情况如图 12-9 所示。T0 与 T9 是刀尖中心与起点一致时的情况，如图 12-8 所示。

图 12-8　刀尖中心与起点一致

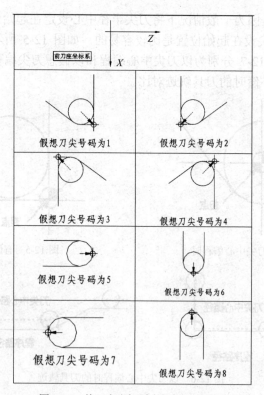

图 12-9　前刀座坐标系中假想刀尖号码

二、补偿值的设置

每把刀的假想刀尖号与刀尖半径值必须在应用 C 型刀补前预先设置。刀尖半径补偿值在偏置页面（见表 12-1）下设置，R 为刀尖半径补偿值，T 为假想刀尖号。

表 12-1   CNC 刀尖半径补偿值显示页面

序 号	X	Z	R	T
000	0.000	0.000	0.000	0
001	0.020	0.030	0.020	2
002	1.020	20.123	0.180	3
...	...	...	...	...
032	0.050	0.038	0.300	6

注：X 向刀具偏置值可以用直径或半径值指定，由参数 No.004 的 bit4 位的 ORC 设定，ORC＝1 时偏置值以半径表示，ORC＝0 时偏置值以直径表示。

在进行对刀操作时要特别注意，当选择了 $T_n(n=0\sim9)$ 号假想刀尖时，对刀点一定也要是 $T_n(n=0\sim9)$ 号假想刀尖点。图 12-10 所示为在后刀座坐标系中选择 T0 与 T3 刀尖点时的不同对刀方法，以刀架中心为标准点，同一刀具，从标准点到刀尖半径中心（假想刀尖为 T0 时）的偏置值与从标准点到假想刀尖（假想刀尖为 T3 时）的偏置值，两者是不一样的。测量从标准点到假想刀尖的距离比测量从标准点到刀尖半径中心的距离容易很多，因此通常以标准点到假想刀尖的距离来设置刀具偏置值（即通常选择 T3 号刀尖方向）。

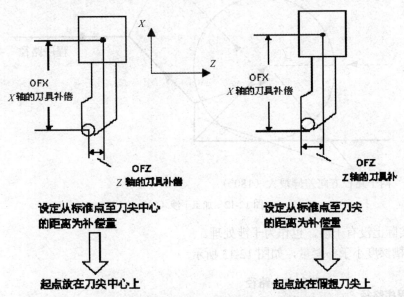

图 12-10   以刀架中心为基准点的刀具偏置值

三、刀具干涉检查

刀具过渡切削称为"干涉"，干涉能预先检查刀具过渡切削，即使过渡切削未发生也会进行干涉检查。但并不是所有的刀具干涉都能检查出来。

（1）干涉的基本条件

① 刀具路径方向与程序路径方向不同。（路径间的夹角在 90°与 270°之间）。

② 圆弧加工时，除以上条件外，刀具中心路径的起点和终点间的夹角与程序路径起点和终点间的夹角有很大的差异（180°以上）。

示例：直线加工的干涉情况如图 12-11、图 12-12 所示。

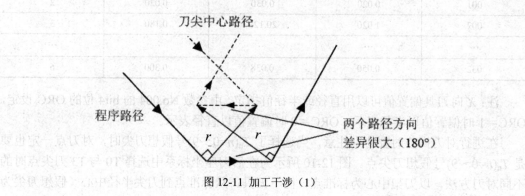

图 12-11　加工干涉（1）

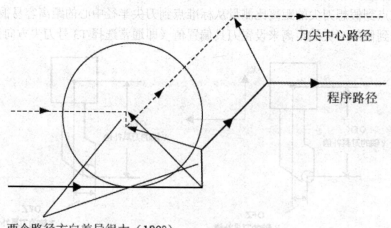

图 12-12　加工干涉（2）

（2）实际上没有干涉，也作为干涉处理。

① 凹槽深度小于补偿量，如图 12-13 所示。

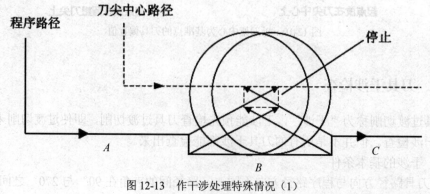

图 12-13　作干涉处理特殊情况（1）

实际上没有干涉，但在程序段 B 的方向与刀尖半径补偿的路径相反，刀具停止并显示报警。

② 凹沟深度小于补偿量，如图 12-14 所示。

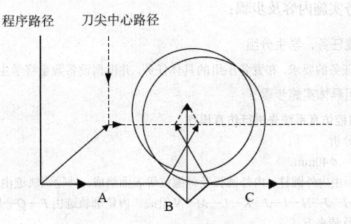

程序路径　　刀尖中心路径

图 12-14　作干涉处理的几种特殊情况（2）

实际上没有干涉，但在程序段 B 的方向与刀尖半径补偿的路径相反，刀具停止并显示报警。

四、注意事项

初始状态 CNC 处于刀尖半径补偿取消方式，在执行 G41 或 G42 指令，CNC 开始建立刀尖半径补偿偏置方式。在补偿开始时，CNC 预读 2 个程序段，执行一程序段时，下一程序段存入刀尖半径补偿缓冲存储器中。在单段运行时，读入两个程序段，执行第一个程序段终点后停止。在连续执行时，预先读入两个程序段，因此在 CNC 中正在执行的程序段和其后的两个程序段。

在刀尖半径补偿中，处理两个或两个以上无移动指令的程序段时（如辅助功能、暂停等），刀尖中心会移到前一程序段的终点并垂直于前一程序段程序路径的位置。

在录入方式（MDI）下不能执行刀补 C 建立，也不能执行刀补 C 撤消。

刀尖半径 R 值不能输入负值，否则运行轨迹出错。

刀尖半径补偿的建立与撤消只能用 G00 或 G01 指令，不能是圆弧指令（G02 或 G03）。如果指定，会产生报警。

按 RESET（复位）键，CNC 将取消刀补 C 补偿模式。

在程序结束前必须指定 G40 取消偏置模式。否则，再次执行时刀具轨迹偏离一个刀尖半径值。

在主程序和子程序中使用刀尖半径补偿，在调用子程序前（即执行 M98 前），CNC 必须在补偿取消模式，在子程序中再次建立刀补 C。

G71、G72、G73、G74、G75、G76 指令不执行刀尖半径补偿，暂时撤消补偿模式。

G90、G94 指令在执行刀尖半径补偿，无论是 G41 还是 G42 都一样偏移一个刀尖半径（按假想刀尖 0 号）进行切削。

任务实施

一、任务实施内容及步骤：

（一）布置任务，学生分组

根据项目任务的要求，布置各小组的具体任务，并根据设备数量将学生分成若干小组。

（二）小组具体实施步骤

1．利用数控仿真系统先进行仿真操作

（1）工艺分析

毛坯直径：ϕ40mm。

该零件表面由内外圆柱、内外圆弧及外螺纹等表面组成。外轮廓轨迹由 A—B—C—D—E—F—G—H—I—J—H—I—J—K—L—M—N 组成。内轮廓轨迹由 P—Q—U—V—W 组成。

（2）刀具及装夹方式

刀具：1 号刀为 90°外圆刀，刀尖角为 35°；2 号刀为螺纹刀；3 号刀为镗刀；4 号刀为切断刀，刀位点在左刀尖，刀宽为 5mm。

装夹：采用三爪自定心卡盘伸出 80mm。

（3）确定加工路线

① 设置工件原点，定在工件右端面中心。

② 手动钻出 ϕ14mm 的孔，深 55mm。

③ 取 1 号刀车右端面。

④ 用 1 号刀粗车各外表面，并留 0.3mm 精车余量。

⑤ 用 1 号刀精车各外表面至尺寸要求，退回换刀点。

⑥ 换 3 号刀粗车各内表面，并留 0.3mm 精车余量。

⑦ 用 3 号刀精车各内表面至尺寸要求，退回换刀点。

⑧ 换 2 号刀，车螺纹至尺寸要求，退回换刀点。

⑨ 换 4 号刀切断工件。

（4）数值计算

以编程原点定在工件右端面的中心线上为例来计算并确定各基点的坐标值，见表 12-2。

表 12-2 各基点的坐标值

点	X 坐标	Z 坐标
A	24	0
B	26	−1
C	26	−8
D	28	−8
E	29．9	−9
F	29．9	−22

续表

点	X 坐标	Z 坐标
G	28	−23
H	28	−30
I	34	−33
J	34	−40
K	36	−40
L	38	−41
M	38	−49
N	36	−50
P	22	0
Q	20	−1
U	20	−26
V	16	−28
W	16	−50

（5）程序编制

（6）操作加工

① 输入程序并检查修改。

② 对刀并设置工件原点。

③ 单步加工，试切削，测量并修改参数。

④ 自动运行加工。

2．教师检测各学生仿真情况，集中进行讲评

3．学生在实际机床上按上述操作重复一次

（三）小组小结任务实施情况

各小组经讨论后，选出一名代表小结任务实施情况并展示本组制定的工艺卡。

（四）完成工作任务书

组员单独完成，组内交互检查，交教师评阅。

（五）评价反馈与考核

教师组织学生进行自评，互评与单独抽查考核，作为学生考核成绩。并对学生存在的普遍问题进行强化。

二、注意事项

① 操作数控车床时应确保安全。包括人身和设备的安全。

② 禁止多人同时操作机床。禁止让机床在同一方向连续"超程"。

③ 工件、刀具要夹紧、夹牢，选择换刀时，要注意安全位置。

④ 在一个程序中，一把刀的刀位点不能更改。

数控车削加工技术

参考程序

序　号	程　序	注　释
	O0007;	程序名
	M03　S500　T0101;	正转，转速 500r/min，换 1 号刀
	G0　X42　Z2;	快速移动到起刀点
	G94　X12　Z0　F80;	加工端面
	G71　U2　R1;	粗加工循环
	G71　P60　Q220 U0.5　W0　F100;	
N60	G00　X24;	
	G01　Z0　F100;	
	X26　Z-1;	
	Z-8;	
	X28;	
	X29.9　Z-9;	
	Z-22;	
	X28　Z-23;	
	Z-30;	描述零件粗加工轮廓形状
	G02　X34　Z-33　R3　F100;	（其中螺纹外圆直径需车小 0.12*P*）
	G01　Z-40　F100;	
	X36 ;	
	X38　Z-41;	
	Z-49;	
	X36　Z-50;	
	Z-51;	
N220	X42	
	G00　X100　Z100;	选择性退刀，当不需要测量尺寸时可跳跃不执行
	M01;	选择停，可用来测量尺寸
	M03　S900　T0101;	正转，转速 900r/min，换 1 号刀
	G00　X42　Z2;	快速移动到精加工循环起点
	G70　P60　Q220;	精加工
	G00　X100　Z100;	退到换刀点
	M01;	选择停，可用来测量尺寸
	M03　S500　T0303;	转速 500r/min，换 3 号刀

续表

序　号	程　序	注　释
	G00　X14　Z2；	快速运动到内表面加工起点
	G71　U1　R0.5；	粗加工循环
	G71　P340　Q390 U-0.3　W0　F100；	
N340	G00　X22　Z2；	描述零件粗加工内轮廓形状
	G01　Z0　F100；	
	X20　Z-1；	
	Z-26；	
	G03　X16　Z-28　R2　F100；	
N390	G01　Z-51　F100；	
	G00　X100　Z100；	选择性退刀，当不需要测量尺寸时可跳跃不执行
	M01；	选择停，可用来测量尺寸
	M03　S900　T0303；	正转，转速 900r/min，换 3 号刀
	G00　X14　Z2；	快速移动到精加工循环起点
	G70　P340　Q390；	精加工
	G00　X100　Z100；	退到换刀点
	M01；	选择停，可用来测量尺寸
	M03　S400　T0202；	正转，转速 400r/min，换 2 号刀
	G00　X32　Z-6；	快速运动到螺纹加工起点
	G92　X29.2　Z-24　F0.75；	加工 M30×0.75mm 螺纹
	X29.05；	
	X29.05；	
	G00　X100　Z100；	快速退回换刀点
	M01；	选择停，可用来测量尺寸
	M03　S500　T0404；	正转，转速 500，换 4 号刀
	G00　X42　Z-55；	快速运动到切断起点
	G01　X14　F100；	切断
	G00　X100　Z100；	快速退回换刀点
	M05；	主轴停
	M30；	程序结束

考核与评价

评 分 表

序号	项目	检测内容	配分	评分标准	实测	得分
1	内孔	φ16mm	10	超差0.02mm扣2分，表面粗糙度降一级扣1分		
2		φ20mm	10	超差0.02mm扣2分，表面粗糙度降一级扣1分		
3	外圆	左边三个	15	超差0.02mm扣2分，表面粗糙度降一级扣1分		
4		右边一个	5			
5	长度	50mm	10	超差不得分		
6		10mm	10			
7	螺纹	M30	15	达不到尺寸要求不得分，螺纹乱牙不得分		
8	圆弧与倒角	R2mm与R3mm与C1mm	15			
9	表面粗糙度	各处	10	每降低一个等级扣2分		
10	文明生产			发生事故记0分，违规每次扣3分		

考试时间		材料规格	
记 时		加工工时	
监 考		名 称	
检 验		图 号	
评 分			

技术要求：未注倒角C1。

$\sqrt{Ra1.6}$ $\nabla Ra1.6$ (√)

M30×0.75
φ26−0.05
φ20+0.03
φ16+0.03
φ28−0.052
φ34+0.05−0.025
φ38−0.025
50±0.05
10−0.05
22
8
15
10
R2
R3
$\nabla Ra3.2$

学习任务书

项目任务书——综合实训

编号：XM-12

专　业		班　级			
姓　名		学　号		组　别	
实训时间		指导教师		成　绩	

一、工艺路线确定

二、刀具卡

零件名称			零件图号		
刀具序号	刀具规格及名称	数　量	加工内容	备　注	
1					
2					
3					
4					
5					

三、工序卡

零件名称			零件图号		
工序号		夹具		使用设备	
设备号		量具		材料	
工步号	工步内容	刀具号	主轴转速	进给速度	背吃刀量
1					
2					
3					
4					
5					
6					
6					
7					
8					
9					
10					

四、加工程序

序　号	程序内容	注　释

四、加工程序

序　号	程序内容	注　释

数控车削加工技术

五、学生课后练习（编程）

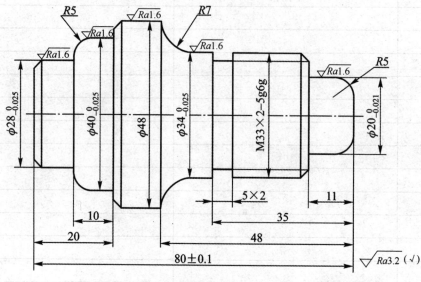

材料：45 钢。
未注倒角：C2。

六、实训小结（出现的问题及解决的办法）

七、教师评定

教师签名：

日期：　　　年　　月　　日

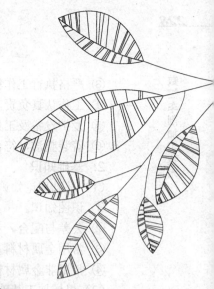

附：数控车床操作工考试大纲

一、报考条件

1. 具备下列条件之一的，可申请报考初级工。

（1）在同一职业（工种）连续工作二年以上或累计工作四年以上的。

（2）经过初级工培训结业。

2. 具备下列条件之一的，可申请报考中级工。

（1）取得所申报职业（工种）的初级工等级证书满三年。

（2）取得所申报职业（工种）的初级工等级证书并经过中级工培训结业。

（3）高等院校、中等专业学校毕业并从事与所学专业相应的职业（工种）工作。

3. 具备下列条件之一的，可申请报考高级工。

（1）取得所申报职业（工种）的中级工等级证书满四年。

（2）取得所申报职业（工种）的中级工等级证书并经过高级工培训结业。

（3）高等院校毕业并取得所申报职业（工种）的中级工等级证书。

二、考核大纲

（一）基本要求

1. 职业道德

（1）职业道德基本知识

（2）职业守则

① 遵守法律、法规和有关规定。

② 爱岗敬业、具有高度的责任心。

数控车削加工技术

③ 严格执行工作程序、工作规范、工艺文件和安全操作规程。

④ 工作认真负责，团结合作。

⑤ 爱护设备及工具、夹具、刀具、量具。

⑥ 着装整洁，符合规定；保持工作环境清洁有序，文明生产。

2. 基础知识

（1）基础理论知识

① 识图知识。

② 公差与配合。

③ 常用金属材料及热处理知识。

④ 常用非金属材料知识。

（2）机械加工基础知识

① 机械传动知识。

② 机械加工常用设备知识(分类、用途)。

③ 金属切削常用刀具知识。

④ 典型零件(主轴、箱体、齿轮等)的加工工艺。

⑤ 设备润滑及切削液的使用知识。

⑥ 工具、夹具、量具使用与维护知识。

（3）钳工基础知识

① 划线知识。

② 钳工操作知识（錾、锉、锯、钻、铰孔、攻螺纹、套螺纹）。

（4）电工知识

① 通用设备常用电器的种类及用途。

② 电力拖动及控制原理基础知识。

③ 安全用电知识。

（5）安全文明生产与环境保护知识

① 现场文明生产要求。

② 安全操作与劳动保护知识。

③ 环境保护知识。

（6）质量管理知识

① 企业的质量方针。

② 岗位的质量要求。

③ 岗位的质量保证措施与责任。

（7）相关法律、法规知识

① 劳动法相关知识。

② 合同法相关知识。

（二）各等级要求

本标准对初级、中级、高级的技能要求依次递进，高级别包括低级别的要求。

1．初级

职业功能	工作内容	技能要求	相关知识
一、工艺准备	（一）读图与绘图	1．能读懂轴类、盘类、壳体类等一般零件的工作图 2．能绘制轴、套、螺钉、圆锥体等简单零件的工作图	1．一般零件图的表达方法 2．简单零件工作图的画法
	（二）机床调整与操作	1．能正确调整机床并做好加工前准备 2．能正确装载加工程序 3．能在显示屏上空运行及阅读程序	1．数控车床的结构特点 2．数控车床的控制、液压及润滑系统 3．切削液的选用
	（三）工件定位与夹紧	1．能正确装夹轴类、盘类、偏心类工件 2．能合理使用四爪单动卡盘装夹外形简单的箱体工件	1．定位夹紧的原理及方法 2．防止工件变形的措施 3．复杂外形工件的装夹方法
	（四）刀具准备	1．能正确选择和安装刀具 2．能正确磨削普通刀具和麻花钻	1．数控车床刀具的种类、结构及特点 2．刀具对切削力、切削热的影响
	（五）加工工艺与工步	1．能按工序要求制定台阶轴类和法兰盘类零件的车削工步 2．能按工序要求选择加工刀具 3．能确定工步顺序及切削用量	1．几何图形中直线与直线、直线与圆弧、圆弧与圆弧的交、切点的概念 2．机床坐标系及工件坐标系的概念 3．G、M 等各种功能代码的含义及使用方法
	（六）设备维护保养	1．能在加工前对车床的机、电、气、液开关进行常规检查 2．能进行数控车床的日常保养	1．数控车床的日常保养方法 2．数控车床操作规程
二、工件加工	（一）输入程序	1．能手工输入程序 2．能使用自动程序输入装置 3．能正确选择、修改切削参数	1．手工输入程序及自动程序输入装置的使用方法 2．程序的编辑与修改方法
	（二）对刀	1．能进行试切对刀 2．能使用机内自动对刀仪器 3．能正确修正刀补参数	1．试切对刀方法 2．刀具补偿的概念及方法
	（三）试运行	能使用程序试运行、分段运行及自动运行等切削运行方式	程序的运行及随机修改方式
	（四）简单零件的加工	能在数控车床上加工外圆、孔、台阶、沟槽等操作	数控车床操作面板各功能键及开关的用途和使用方法
三、精度检验及误差分析	（一）零件一般尺寸及偏心件的测量	1．能用游标卡尺测量一般公差等级的轴向尺寸 2．能用千分尺或百分表测量内、外径尺寸公差 3．能测量偏心距及两平行圆孔的孔距	1．一般量具的读数精度及使用维护 2．内径千分尺及内径百分表的使用维护 3．偏心距的检测方法
	（二）内外圆锥检验	能用量棒、钢球间接测量内、外锥体	利用量棒、钢球间接测量内、外锥体的方法与计算方法

数
控
车
削
加
工
技
术

2. 中级

职业功能	工作内容	技能要求	相关知识
一、工艺准备	（一）读图与绘图	1. 能读懂主轴、蜗杆、丝杠、偏心轴、两拐曲轴、齿轮等中等复杂程度的零件工作图 2. 能绘制轴、套、螺钉、圆锥体等简单零件的工作图 3. 能读懂车床主轴、刀架、尾座等简单机构的装配图	1. 复杂零件的表达方法 2. 简单零件工作图的画法 3. 简单机构装配图的画法
	（二）制定加工工艺	能编制台阶轴类和法兰盘类零件的车削工艺卡，能正确选择加工零件的工艺基准，能决定工步顺序、工步内容及切削参数	1. 数控车床的结构特点及其与普通车床的区别 2. 台阶轴类、法兰盘类零件的车削加工工艺知识 3. 数控车床工艺编制方法
	（三）工件定位与夹紧	1. 能正确装夹薄壁、细长、偏心类工件 2. 能合理使用四爪单动卡盘、花盘及弯板装夹外形较复杂的简单箱体工件	1. 定位夹紧的原理及方法 2. 车削时防止工件变形的方法 3. 复杂外形工件的装夹方法
	（四）刀具准备床	能正确选择和安装刀具，并确定切削参数	1. 数控车床刀具的种类、结构及特点 2. 数控车床对刀具的要求
	（五）编制程序	1. 能编制带有台阶、内外圆柱面、锥面、螺纹、沟槽等轴类、法兰盘类零件的加工程序 2. 能手工编制含直线插补、圆弧插补二维轮廓的加工程序	1. 几何图形中直线与直线、直线与圆弧、圆弧与圆弧的交点的计算方法 2. 机床坐标系及工件坐标系的概念 3. 直线插补与圆弧插补的意义及坐标尺寸的计算 4. 手工编程的各种功能代码及基本代码的使用方法 5. 主程序与子程序的意义及使用方法 6. 刀具补偿的作用及计算方法
	（六）设备维护保养	1. 能在加工前对车床的机、电、气、液开关进行常规检查 2. 能进行数控车床的日常保养	1. 数控车床的日常保养方法 2. 数控车床操作规程
二、工件加工	（一）输入程序	1. 能手工输入程序 2. 能使用自动程序输入装置 3. 能进行程序的编辑与修改	1. 手工输入程序的方法及自动程序输入装置的使用方法 2. 程序的编辑与修改方法
	（二）对刀	1. 能进行试切对刀 2. 能使用机内自动对刀仪器 3. 能正确修正刀补参数	试切对刀方法及机内对刀仪器的使用方法
	（三）试运行	能使用程序试运行、分段运行及自动运行等切削运行方式	程序的各种运行方式
	（四）简单零件的加工	能在数控车床上加工外圆、孔、台阶、沟槽等	数控车床操作面板各功能键及开关的用途和使用方法
三、精度检验及误差分析	（一）高精度轴向尺寸、理论交点尺寸及偏心件的测量	1. 能用量块和百分表测量公差等级 IT9 的轴向尺寸 2. 能间接测量一般理论交点尺寸 3. 能测量偏心距及两平行非整圆孔的孔距	1. 量块的用途及使用方法 2. 理论交点尺寸的测量与计算方法 3. 偏心距的检测方法 4. 两平行非整圆孔孔距的检测方法

职业功能	工作内容	技能要求	相关知识
三、精度检验及误差分析	（二）内外圆锥检验	1. 能用正弦规检验锥度 2. 能用量棒、钢球间接测量内、外锥体	1. 正弦规的使用方法及测量计算方法 2. 利用量棒、钢球间接测量内、外锥体的方法与计算方法
	（三）多线螺纹与蜗杆的检验	1. 能进行多线螺纹的检验 2. 能进行蜗杆的检验	1. 多线螺纹的检验方法 2. 蜗杆的检验方法

3. 高级

职业功能	工作内容	技能要求	相关知识
一、工艺准备	（一）读图与绘图	1. 能读懂多线蜗杆、减速器壳体、三拐以上曲轴等复杂畸形零件的工作图 2. 能绘制偏心轴、蜗杆、丝杠、两拐曲轴的零件工作图 3. 能绘制简单零件的轴测图 4. 能读懂车床主轴箱、进给箱的装配图	1. 复杂畸形零件图的画法 2. 简单零件轴测图的画法 3. 读车床主轴箱、进给箱装配图的方法
	（二）制定加工工艺	1. 能制订简单零件的加工工艺规程 2. 能制订三拐以上曲轴、有立体交叉孔的箱体等畸形、精密零件的车削加工顺序 3. 能制订在立车或落地车床上加工大型、复杂零件的车削加工顺序	1. 简单零件加工工艺规程的制订方法 2. 畸形、精密零件的车削加工顺序的制订方法 3. 大型、复杂零件的车削加工顺序的制订方法
	（三）工件定位与夹紧	1. 能使用、调整三爪自定心卡盘、尾座顶尖及液压高速动力卡盘并配置软爪 2. 能正确使用和调整液压自动定心中心架 3. 能正确选择、使用、调整刀架	1. 三爪自定心卡盘、尾座顶尖及液压高速动力卡盘的使用、调整方法 2. 液压自动定心中心架的特点、使用及安装调试方法 3. 刀架的种类、用途及使用、调整方法
	（四）刀具准备	能正确选择刀架上的常用刀具	刀架上常用刀具的知识
	（五）编制程序	能手工编制较复杂的、带有二维圆弧曲面零件的车削程序	较复杂圆弧与圆弧的交点的计算方法
	（六）设备维护保养	1. 能阅读编程错误、超程、欠压、缺油等报警信息，并排除一般故障 2. 能完成机床定期维护保养	1. 数控车床报警信息的内容及解除方法 2. 数控车床定期维护保养的方法 3. 数控车床液压原理及常用液压元件
二、工件加工	较复杂零件的加工	能加工带有二维圆弧曲面的较复杂零件	在数控车床上利用多重复合循环加工带有二维圆弧曲面的较复杂零件的方法
三、精度检验及误差分析	复杂、畸形机械零件的精度检验及误差分析	1. 能对复杂、畸形机械零件进行精度检验 2. 能根据测量结果分析产生车削误差的原因	1. 复杂、畸形机械零件精度的检验方法 2. 车削误差的种类及产生原因

比 重 表

1．理论知识

项　目		初　级	中　级	高　级
基本要求	职业道德	5	5	5
	基础知识	25	25	20
相关知识	工艺准备	25	45	50
	工件加工	35	15	15
	精度检验及误差分析	10	10	10
	培训指导	—	—	—
	管理	—	—	—
合　计		100	100	100

2．技能操作

项　目		初　级	中　级	高　级
工作要求	工艺准备	20	35	35
	工件加工	70	60	60
	精度检验及误差分析	10	5	5
	培训指导	—	—	—
	管理	—	—	—
合　计		100	100	100

GSK 980TD 车床数控系统技术参数

项　目	单　位	规　格
★床身上最大回转直径	mm	ϕ 400
最大工件长度（二顶尖间距离）	mm	1000
★最大车削长度(最大加工长度)	mm	850
滑板上最大回转直径	mm	ϕ 200
滑板上最大切削直径	mm	ϕ 200
主轴端部形式及代号	—	A1-6
★主轴通孔直径	mm	ϕ 53
主轴转速	r/min	150～2400
★刀架形式	—	立式 4 工位刀架
快移速度 X/Z	m/min	3.8/7.6
刀具安装尺寸	mm	20×20
床尾主轴直径（尾座套筒直径）	mm	ϕ 55
床尾主轴孔锥度(尾座套筒锥孔锥度)	—	莫氏 4 号
床尾套筒行程	mm	140

项　　目	单　位	规　　格
*X*轴行程	mm	220
*Z*轴行程	mm	1000
*X/Z*轴重复定位精度	mm	0.07/0.01
★主电动机功率	kW	变频 7.5
机床净重	kg	2150
机床毛重	kg	3310
机床轮廓尺寸（长×宽×高）	mm	2490×1360×1510
机床包装尺寸（长×宽×高）	mm	2810×1640×1975
数控系统	—	广州 GSK980TD
★加工精度	—	IT6-IT7
工件表面粗糙度	μm	*Ra*1.6
★数控系统	GSK980TD 数据输入与输出采用 RS232 接口	